U0274630

湖北省学术著作出版专项资金资助项目

数字制造科学与技术前沿研究丛书

光纤光栅传感器原理与技术研究

——飞机制造领域复合材料的光纤光栅结构健康监测

文晓艳 著

武汉理工大学出版社

图书在版编目(CIP)数据

光纤光栅传感器原理与技术研究:飞机制造领域复合材料的光纤光栅结构健康监测/文晓艳著. —武汉:武汉理工大学出版社,2016.9(2019.1 重印)

ISBN 978-7-5629-5359-3

Ⅰ. ①光… Ⅱ. ①文… Ⅲ. ①光纤器件-光电传感器-研究 Ⅳ. ①TP212.14

中国版本图书馆 CIP 数据核字(2016)第 224163 号

项目负责人:田 高 王兆国
责任编辑:陈军东
责任校对:刘 凯
封面设计:兴和设计
出版发行:武汉理工大学出版社
地　　址:武汉市洪山区珞狮路 122 号
邮　　编:430070
网　　址:http://www.wutp.com.cn
经　　销:各地新华书店
印　　刷:武汉中远印务有限公司
开　　本:787×1092 1/16
印　　张:10.25
字　　数:152 千字
版　　次:2016 年 9 月第 1 版
印　　次:2019 年 1 月第 2 次印刷
定　　价:78.00 元

凡购本书,如有缺页、倒页、脱页等印装质量问题,请向出版社发行部调换。

本社购书热线:027-87515778 87515848 87785758 87165708(传真)

数字制造科学与技术前沿研究丛书
编审委员会

总　　序

当前，中国制造 2025 和德国工业 4.0 以信息技术与制造技术深度融合为核心，以数字化、网络化、智能化为主线，将互联网＋与先进制造业结合，兴起了全球新一轮的数字化制造的浪潮。发达国家(特别是美、德、英、日等制造技术领先的国家)面对近年来制造业竞争力的下降，大力倡导“再工业化、再制造化”的战略，明确提出智能机器人、人工智能、3D 打印、数字孪生是实现数字化制造的关键技术，并希望通过这几大数字化制造技术的突破，打造数字化设计与制造的高地，巩固和提升制造业的主导权。近年来，随着我国制造业信息化的推广和深入，数字车间、数字企业和数字化服务等数字技术已成为企业技术进步的重要标志，同时也是提高企业核心竞争力的重要手段。由此可见，在知识经济时代的今天，随着第三次工业革命的深入开展，数字化制造作为新的制造技术和制造模式，同时作为第三次工业革命的一个重要标志性内容，已成为推动 21 世纪制造业向前发展的强大动力，数字化制造的相关技术已逐步融入制造产品的全生命周期，成为制造业产品全生命周期中不可缺少的驱动因素。

数字制造科学与技术是以数字制造系统的基本理论和关键技术为主要研究内容，以信息科学和系统工程科学的方法论为主要研究方法，以制造系统的优化运行为主要研究目标的一门科学。它是一门新兴的交叉学科，是在数字科学与技术、网络信息技术及其他(如自动化技术、新材料科学、管理科学和系统科学等)跟制造科学与技术不断融合、发展和广泛交叉应用的基础上诞生的，也是制造企业、制造系统和制造过程不断实现数字化的必然结果。其研究内容涉及产品需求、产品设计与仿真、产品生产过程优化、产品生产装备的运行控制、产品质量管理、产品销售与维护、产品全生命周期的信息化与服务化等各个环节的数字化分析、设计与规划、运行与管理，以及产品全生命周期所依托的运行环境数字化实现。数字化制造的研究已经从一种技术性研究演变成为包含基础理论和系统技术的系统科学研究。

作为一门新兴学科，其科学问题与关键技术包括：制造产品的数字化描述与创新设计，加工对象的物体形位空间和旋量空间的数字表示，几何计算和几何推理、加工过程多物理场的交互作用规律及其数字表示，几何约束、物理约束和产品性能约束的相容性及混合约束问题求解，制造系统中的模糊信息、不确定信息、不完整信息以及经验与技能的形式化和数字化表示，异构制造环境下的信息融合、信息集成和信息共享，制造装备与过程的数字化智能控制、制造能力与制造全生命周期的服务优化等。本系列丛书试图从数字制造的基本理论和关键技术、数字制造计算几何学、数字制造信息学、数字制造机械动力学、数字制造可靠性基础、数字制造智能控制理论、数字制造误差理论与数据处理、数字制造资源智能管控等多个视角构成数字制造科学的完整学科体系。在此基础上，根据数字化制造技术的特点，从不同的角度介绍数字化制造的广泛应用和学术成果，包括产品数字化协同设计、机械系统数字化建模与分析、机械装置数字监测与诊断、动力学建模与应用、基于数字样机的维修技术与方法、磁悬浮转子机电耦合动力学、汽车信息物理融合系统、动力学与振动的数值模拟、压电换能器设计原理、复杂多环耦合机构构型综合及应用、大数据时代的产品智能配置理论与方法等。

围绕上述内容，以丁汉院士为代表的一批制造领域的教授、专家为此系列丛书的初步形成提供了宝贵的经验和知识，付出了辛勤的劳动，在此谨表示最衷心的感谢！对于该丛书，经与闻邦椿、徐滨士、熊有伦、赵淳生、高金吉、郭东明和雷源忠等制造领域资深专家及编委会成员讨论，拟将其分为基础篇、技术篇和应用篇三个部分。上述专家和编委会成员对该系列丛书提出了许多宝贵意见，在此一并表示由衷的感谢！

数字制造科学与技术是一个内涵十分丰富、内容非常广泛的领域，而且还在不断地深化和发展之中，因此本丛书对数字制造科学的阐述只是一个初步的探索。可以预见，随着数字制造理论和方法的不断充实和发展，尤其是随着数字制造科学与技术在制造企业的广泛推广和应用，本系列丛书的内容将会得到不断的充实和完善。

《数字制造科学与技术前沿研究丛书》编审委员会

前　言

随着新材料技术的发展，使用先进的复合材料来制造航空航天结构（如机身、机翼、引擎罩盖、导流罩等），是新一代航空航天器设计制造的必然趋势。目前碳纤维复合材料在小型商务机和直升机中的比重已占55%左右，在军用飞机中占25%左右，在大型客机中占20%左右。复合材料在机体结构质量中所占的比例已经成为衡量飞机先进性的重要标志之一。对复合材料结构的健康监测也已成为新一代飞机安全监测的重要内容。

常用光纤传感器的直径约为125μm，与头发丝相当，可以植入复合材料内部实现在体在线检测。从尺寸小和质量轻的优点来讲，几乎没有其他传感器可以与之比拟，因此基于光纤的传感技术目前受到了广泛青睐。除可植入复合材料内部进行检测之外，光纤传感器也可粘贴于复合材料表面如机身、机翼蒙皮等处，实时监测飞行器的温度、应变、振动、裂缝延展情况等，为飞行器健康状态的判别提供重要依据，可以大大提高检测精度与可靠性、缩短检查时间、降低维护成本、提高飞行安全性和可靠性。基于光纤传感的飞机结构健康监测技术的研究与应用已成为当前国内外航空航天领域的热点课题。

本书主要讲述用于复合材料结构健康监测的光纤光栅传感技术，主要内容分为9章。第1章为绪论，介绍了传感器的原理、作用、分类、发展趋势、选用原则等基础知识；第2章阐述了光纤光栅传感原理与CFRP复合材料基本理论；第3章介绍了航空航天领域光纤光栅传感技术研究现状；第4章论述了光纤光栅复合材料结构健康监测研究现状；第5章和第6章分别阐述了演化算法求解光纤光栅结构参数和光纤光栅传感信号分析与处理方法；第7章用光纤光栅传感技术对复合材料的温度应力特性进行了研究。第8章介绍了运用光纤光栅传感技术对CFRP悬臂梁振动性能进行的研究；第9章介绍了运用光纤光栅传感技术对CFRP层板损伤进行探测的研究。

本书适合于从事测控技术与仪器、电子信息工程、电气工程与自动化等专业学习和研究的读者使用，也可供相关专业的教师、学生及工程技术人员从事相关研发工作时参考。

本书由武汉理工大学的文晓艳编写。武汉理工大学的李立彤、李杰燕参与了第3章部分内容的编写，张春峰、杨风平参与了第6章部分内容的编写。张东生教授对全书的整体结构和内容提出了宝贵意见。本书在编写过程中参阅和引用了大量相关书籍和文献，在此谨向这些参考资料的作者和所有给予本书出版以帮助的人表示衷心感谢。

由于编者水平所限，书中难免有不妥和疏漏之处，恳请读者予以指正。

编　者

2016年7月

目　　录

1　绪　论 ……………………………………………………………………… (1)

2　光纤光栅传感原理与 CFRP 复合材料基本理论 ……………………………… (5)

2.1　光纤光栅应变传感原理及温度补偿 …………………………………… (6)

2.1.1　光纤光栅应变传感原理 …………………………………………… (6)

2.1.2　光纤光栅温度传感原理 …………………………………………… (9)

2.1.3　光纤光栅应变测量的温度补偿问题 ……………………………… (10)

2.2　光纤光栅的分类与制作方法 ………………………………………… (10)

2.2.1　光纤光栅的分类 ………………………………………………… (10)

2.2.2　光纤光栅的制作方法 ……………………………………………… (11)

2.3　光纤光栅波长解调技术 ……………………………………………… (14)

2.3.1　边缘滤波解调法 ………………………………………………… (16)

2.3.2　匹配光纤光栅滤波法 ……………………………………………… (18)

2.3.3　光谱检测解调技术 ……………………………………………… (20)

2.3.4　非平衡 Mach-Zehnder 干涉解调法 ……………………………… (21)

2.3.5　可调谐滤波器扫描法 ……………………………………………… (22)

2.3.6　可调谐激光器波长解调法 ………………………………………… (23)

2.4　光纤光栅传感网络复用技术 ………………………………………… (24)

2.5　CFRP 复合材料应力应变相关理论……………………………………… (25)

2.6　CFRP 层合板冲击损伤理论…………………………………………… (29)

参考文献 ……………………………………………………………………… (30)

3　航空航天领域 FBG 传感技术研究现状 ………………………………… (36)

3.1　常温下航空航天领域 FBG 传感技术研究 …………………………… (37)

3.1.1　美国的 FBG 传感技术研究 ……………………………………… (37)

3.1.2　欧洲的 FBG 传感技术研究 ……………………………………… (41)

3.1.3 日韩等国家和地区的 FBG 传感技术研究 …………………(44)
3.1.4 国内的 FBG 传感技术研究 …………………(48)
3.2 恶劣环境下的 FBG 传感技术研究 …………………(51)
3.2.1 低温环境下 FBG 传感技术研究 …………………(51)
3.2.2 高温环境下 FBG 传感技术研究 …………………(56)
参考文献 …………………(58)
4 FBG 复合材料结构健康监测研究现状 …………………(62)
4.1 美国的研究现状 …………………(62)
4.2 欧洲的研究现状 …………………(64)
4.3 日韩等国家和地区的研究现状 …………………(67)
4.4 国内的研究现状 …………………(75)
4.5 小 结 …………………(76)
参考文献 …………………(77)
5 演化算法求解光纤光栅结构参数 …………………(81)
5.1 差分演化算法求解光纤光栅结构参数进展 …………………(81)
5.2 差分演化算法简介 …………………(85)
5.3 差分演化算法求解 FBG 结构参数 …………………(88)
5.4 基于差分演化算法的啁啾光纤光栅参数重构 …………………(90)
5.5 基于差分演化算法的光纤光栅应力分布重构 …………………(92)
5.6 小 结 …………………(96)
参考文献 …………………(96)
6 光纤光栅传感信号分析与处理 …………………(99)
6.1 小波滤波原理 …………………(100)
6.1.1 基本概念 …………………(100)
6.1.2 小波变换中常用的三个基本概念 …………………(101)
6.1.3 小波变换的特点及重要性质 …………………(101)
6.2 小波滤波降噪 …………………(102)
6.3 高斯拟合寻峰 …………………(105)
6.4 结果分析 …………………(106)

6.5　小　结 …… (108)
参考文献 …… (108)
7　复合材料 FBG 温度应力特性研究 …… (110)
7.1　测量原理 …… (110)
7.2　FBG 传感器的封装 …… (111)
7.3　复合材料常温拉伸应变测试 …… (112)
7.3.1　异侧粘贴实验 …… (112)
7.3.2　同侧粘贴实验 …… (115)
7.3.3　复合材料损伤实验 …… (116)
7.4　结果分析 …… (117)
7.5　小　结 …… (118)
参考文献 …… (118)
8　CFRP 悬臂梁振动性能 FBG 研究 …… (120)
8.1　CFRP 悬臂梁振动性能研究 …… (120)
8.2　CFRP 悬臂梁受迫振动的 FBG 监测 …… (121)
8.3　CFRP 悬臂梁阻尼振动的 FBG 研究 …… (124)
8.4　CFRP 悬臂梁结构损伤对振动性能的影响 …… (126)
8.5　本章小结 …… (129)
参考文献 …… (129)
9　CFRP 层板损伤 FBG 探测 …… (130)
9.1　CFRP 超低温损伤研究 …… (130)
9.1.1　CFRP 常温无损状态下的弯曲模量与抗弯刚度测量 …… (130)
9.1.2　CFRP 液氮浸泡后的弯曲模量与抗弯刚度测量 …… (135)
9.2　CFRP 平板结构准静态荷载测试和低速冲击损伤研究 …… (138)
9.2.1　CFRP 平板结构准静态荷载下的 FBG 应变监测 …… (139)
9.2.2　相同冲击能量时 CFRP 平板结构冲击信号捕捉 …… (144)
9.2.3　不同冲击能量时 CFRP 板的冲击信号监测及损伤 …… (147)
9.3　本章小结 …… (150)
参考文献 …… (150)

1 绪论

航空航天对于国家安全与国民经济发展具有特别重要的战略意义。当今世界主要发达国家都将航空航天作为高科技发展的关键产业。国务院制定的《国家中长期科学和技术发展规划纲要(2006—2020)》中正式将大型飞机列入16个重大科技专项,同时将“航空航天重大力学问题”列为面向国家重大战略需求的基础研究方向之一。

航空航天领域中的飞行器、加速器、燃料箱等系统均涉及复杂的运行环境,确保这些系统中的结构部件在使用过程中的可靠性是非常重要的。其中最重要的是构件的力学性能,因为在低温、辐照、磁场、大电流等环境下,构件的应力残余、应变腐蚀、失超、蠕变、疲劳断裂等失效行为是导致系统毁坏的主要原因。构件的在线温度与应变分析是检测构件服役状态最直接、最有效的办法。对于航天技术中的运载火箭液氢液氧发动机,航天飞机燃料箱、机翼隔热面板等,不但要监控温度,更重要的是要监控材料和部件应力应变参数。以往,正是因为对复杂环境下运行的大型构件应变预报检测的缺乏,导致了很多灾难事故的发生。如1986年美国挑战者号航天飞机失事就是因为液氢液氧燃料箱的O形密封环低温变脆失效导致一系列连锁反应,最终爆炸解体;2003年哥伦比亚号航天飞机失事是因为左翼8—9号子系统面板隔热瓦失效导致爆炸。因此,利用传感器对飞行器结构及其部件进行实时在线安全监测是非常必要的。

航空航天业是一个传感器使用密集的行业。一个飞行器为了监测压力、温度、振动、燃料液位、起落架状态、机翼和方向舵的位置等,需要使用的传感器超过100个,因此传感器的尺寸、质量和可集成性显得尤为重要(图1-1)。随着航空航天技术的发展,飞行器技术不断进步,应用环境也日趋复杂,传统的电子和机电传感器渐渐无法满足实际的测量要求。例如,在航空领域,先进的航空飞行器在高超声速飞行、大迎角机动、隐身性能等方面的需求日益严苛,传统电阻应变片传感技术已难以实现实时准确的数据测量。在航天领域，航天器在轨运行期间要经历极其复杂、严酷的空间环境（包括真空、低温、黑背景等），现有的传统电子测温传感设备无法串行工作，而受热真空环境限制目前尚未实现声振动参量监测，也无法实现应变和压力参量在极限温度下的大范围多点测量，无法全面表征航天器性能。这使得航天器存在不同程度的安全隐患。

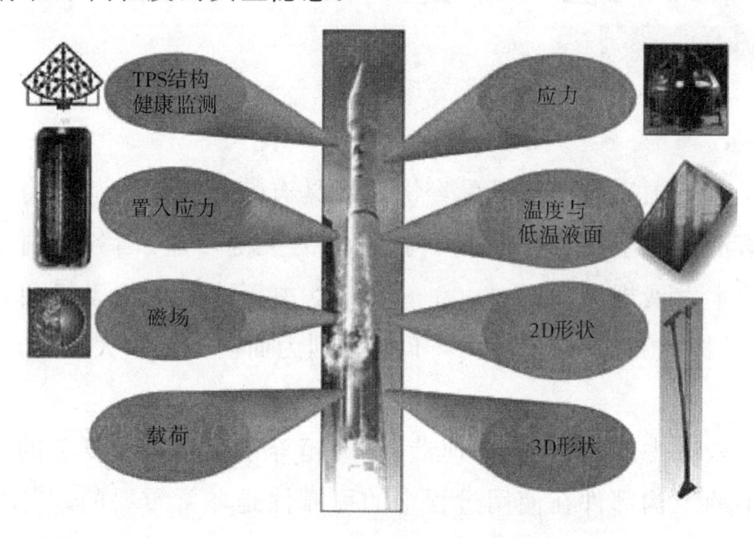

图 1-1 光纤传感技术在航空航天领域的应用

随着近年来新材料技术的发展，使用先进的复合材料来制造航空航天结构（如机翼等部件）是新一代航空航天结构设计制作的必然趋势。与金属材料相比，复合材料抗疲劳性更强、质量更轻、耐腐蚀性更好、强度质量比更高，并且能够任意成型，具有无可比拟的优势。复合材料主要用于制造航空器肋板、舷窗、引擎罩盖、机翼、机身和导流罩等。目前在航空航天领域运用最多的复合材料为碳纤维复合材料。碳纤维复合材料以其独特、卓越的理化性能，广泛应用在火箭、导弹和高速飞行器等航空航天领域。例如采用碳纤维与塑料制成的复合材料制造的飞机、卫星、火箭等宇宙飞行器，不但推力大、噪声小，而且由于其质量较轻，动力消耗少，可节约大量燃料。碳纤维具有耐高温、质量轻、硬度高等力学特点，广泛用作飞机、飞船等航空航天飞行器的结构材料。如飞机的一次构造材料：主翼、尾翼、机体；二次构造材料：副翼、方向舵、升降舵、内装材料、地板材料、桁梁、刹车片等及直升机的叶片；火箭的排气锥体、发动机盖等；人造卫星结构体、太阳能电池板和天线、运载火箭和导弹壳体等。目前小型商务机和直升机的碳纤维复合材料用量已占 55% 左右，军用飞机占 25% 左右，大型客机占 20% 左右。复合材料在机体结构质量中所占的比例已经成为衡量飞机先进性的重要标志之一。传统的单质材料由于其自身性能的限制,已越来越无法满足上述前沿科技领域的研发需要。材料体系的复合化是材料工程功能发展提升的必然趋势。复合材料是将两种以及两种以上的单质材料相互结合构建的新型材料体系,它具备质量轻、强度高、耐腐蚀、耐高低温、易于成型等优点,对于降低结构质量、提升载荷极限、丰富结构设计具有特殊的意义。目前发展最快最为成熟、在航空航天结构部件上应用最多的是碳纤维增强树脂基复合材料(简称 CFRP),最具代表性的产品有复合材料推进剂燃料贮箱、复合材料机翼等。在实际生产过程中,即使生产前经过研究和实验制订了合理的工艺,但复杂生产过程中仍存在不可控的偶发性因素,其制造过程中仍然有较大可能产生内部缺陷,造成整体部件的强度不达标,继而引发整个结构件的失效,造成重大损失。对复合材料结构的健康监测已成为新一代飞机安全监测的重要内容。

传统使用的最为广泛的传感器是电阻应变片,发明于 1938 年,至今已有 70 余年的发展历史。电阻应变片测量精度高,贴片工艺成熟,在许多领域获得了广泛应用。然而,每个电阻应变片传感器均有两根引线,传感器之间无法串接,如果多点分布进行分布式测量,会产生巨大的引线数量,给测试工作带来极大的困难。并且,制作应变片的主要材料为金属铜,密度大,进行分布式健康监测时会增加额外的质量。同时,电阻应变片受电磁干扰严重,雷电、太空辐射等自然环境均会对测试结果造成影响。这些特征均不利于电阻应变片在航空航天领域的应用。特别是,应变片与引线尺寸较大,无法嵌入复合材料内部,无法实现在体在线监测。更为关键的是,复合材料的损伤具备隐秘性与渐进性的特点,这就要求监测技术具备嵌入式测量的特点。而损伤的产生可能出现在从纤维选材到材料成型制造整体过程中的任一环节。传统的测量技术手段都受限于传感机理以及传感器尺寸的大小,对于上述测量要求有着无法克服的障碍。

光纤传感具有体积小、质量轻、耐腐蚀、抗电磁干扰、远距离实时在线传感等优点,相对于传统的电阻应变片具有显著优势。光纤密度为 2.32g/cm^3,大约是金属铜的四分之一。常用光纤的直径为 125μm,与头发丝相当,可以置入碳纳米复合材料内部实现在体检测。从尺寸小和质量轻的优点来讲,几乎没有其他传感器可以与之比拟,因此越来越受到青睐。特别是光纤及光纤光栅具有纤细的结构,可以埋入复合材料内部进行在体在线监测。同时,光纤光栅传感器也可粘贴于复合材料表面如机身、机翼蒙皮处,实时监测飞行器的温度、应变、振动、裂缝延展情况等，为飞行器健康状态的判别提供重要依据。利用光纤传感器进行飞行器结构健康监测，可以大大减轻飞行器质量、缩短检查时间、降低维护成本、提高飞行安全性和可靠性。基于光纤传感的飞机结构健康监测技术研究与应用逐渐成为当前国内外航空航天领域的热点课题，目前美国、欧洲、亚洲的日韩等国家和地区在该领域的研究已经取得了丰硕成果，我国也开展了广泛研究，取得了长足进步。

2 光纤光栅传感原理与CFRP复合材料基本理论

光纤光栅是利用光纤材料的光敏性，通过紫外光曝光的方法，使光纤纤芯的折射率发生轴向周期性变化调制而形成的衍射光栅，是一种无源滤波器件。其作用实质上是在纤芯内形成一个窄带的（透射或反射）滤波器或反射镜。当一束宽光谱光经过光纤光栅时，满足光纤光栅布拉格条件的波长的入射光将产生反射，其余波长的入射光透过光纤光栅继续传输。光纤光栅由于其谐振波长对温度、应变、折射率、浓度等外界环境的变化比较敏感，而且具有体积小、熔接损耗小、全兼容于光纤、能埋入智能材料等优点，因此在光纤通信和传感领域得到了广泛的应用。

随着光纤光栅应用范围的日益扩大，光纤光栅的种类也日趋增多。根据折射率沿光栅轴向分布的形式，可将紫外写入的光纤光栅分为均匀光纤光栅和非均匀光纤光栅。其中均匀光纤光栅是指纤芯折射率变化的幅度和折射率变化的周期（通常也称为光纤光栅的周期）均沿光纤轴向保持不变的光纤光栅，如均匀光纤布拉格光栅（折射率变化的周期一般为0.1μm量级）和均匀长周期光纤光栅（折射率变化的周期一般为100μm量级）。非均匀光纤光栅是指纤芯折射率变化幅度或折射率变化的周期沿光纤轴向变化的光纤光栅，如啁啾光纤光栅（其周期一般与光纤布拉格光栅周期处于同一量级）、切趾光纤光栅、相移光纤光栅和取样光纤光栅等。本书主要讨论均匀光纤光栅。均匀光纤光栅的传感原理如图2-1所示。

光纤光栅的反射波长主要取决于光栅周期Λ和有效折射率n_{eff}[式(2-1)][1]。光纤光栅之所以能作为传感元件，是因为光栅周期和有效折射率的变化能够反映外界环境温度和应变的变化。当外界温度和应变变化时，光栅周期和有效折射率便随之变化，从而引起反射光波长的偏移，如图2-1所示。对于光纤光栅而言，有效折射率n_{eff}的变化主要由弹光效应和热光效应引起；光栅周期Λ的变化主要由热膨胀效应和外界的应变引起。

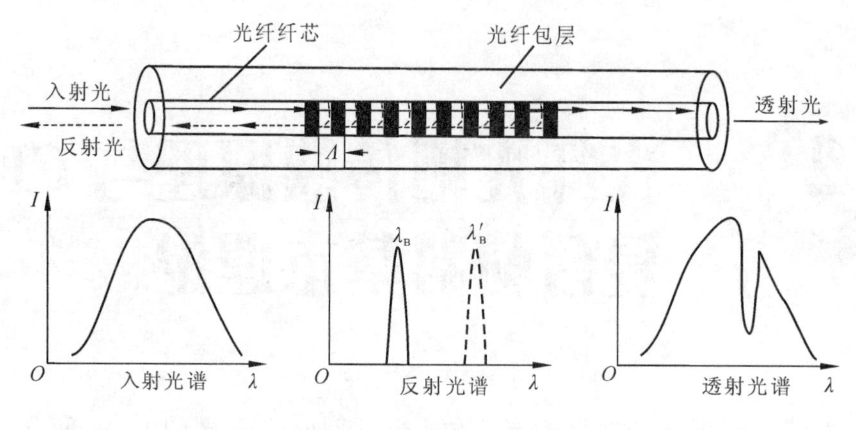

图 2-1 光纤光栅传感原理

2.1 光纤光栅应变传感原理及温度补偿

2.1.1 光纤光栅应变传感原理

最直接引起光栅布拉格中心波长漂移的方式是拉伸或挤压。光栅受到应力作用而产生应变，进而造成光栅周期Λ和有效折射率n_{eff}发生改变[2-5]。在式(2-1)中，显然光栅布拉格中心波长λ_{B}也会发生改变，对式(2-1)左右同时做差分，应力引起光栅布拉格中心波长的改变可由式(2-2)描述。

$$\lambda_{\mathrm{B}} = 2n_{\mathrm{eff}}\Lambda \tag{2-1}$$

$$\Delta\lambda_{\mathrm{B}} = 2n_{\mathrm{eff}}\Delta\Lambda + 2\Delta n_{\mathrm{eff}}\Lambda \tag{2-2}$$

式中 $\Delta\Lambda$—— 光纤栅格周期的弹性形变；

Δn_{eff}—— 光纤的弹光效应。

式 2-2,中外界应力或应变将使 $\Delta\Lambda$ 和 Δn_{eff} 产生对光纤光栅中心波长不同的变化。考虑到光纤布拉格光栅形状通常为圆柱体形，故使光纤光栅产生变形的应力可在柱坐标系下分解为σ_{r}、σ_θ和σ_{z}三个方向，σ_{z}为光纤光栅纵向拉伸或压缩的轴向应力作用，而σ_{r}为光纤光栅径向拉伸或压缩应力作用，σ_θ为光纤光栅的扭转作用，三个方向的力共同形成光栅的体应力作用。

(1) 胡克定律的一般形式

胡克定律的一般形式可由下式表示：

$$\sigma_i = C_{i,j}\varepsilon_j \quad i,j = 1,2,3,4,5,6 \tag{2-3}$$

式中 σ_i—— 应力张量；

$C_{i,j}$—— 体积弹性模量；

ε_j—— 应变张量。

对于各向同性介质，由于材料的对称性，可对 $C_{i,j}$ 进行简化，并引入 Lamé 常数 λ、μ 来表示体积弹性模量，得到

$$\begin{pmatrix}\sigma_1\\\sigma_2\\\sigma_3\\\sigma_4\\\sigma_5\\\sigma_6\end{pmatrix}=\begin{pmatrix}\lambda+2\mu & \lambda & \lambda & 0 & 0 & 0\\\lambda & \lambda+2\mu & \lambda & 0 & 0 & 0\\\lambda & \lambda & \lambda+2\mu & 0 & 0 & 0\\0 & 0 & 0 & \mu & 0 & 0\\0 & 0 & 0 & 0 & \mu & 0\\0 & 0 & 0 & 0 & 0 & \mu\end{pmatrix}\begin{pmatrix}\varepsilon_1\\\varepsilon_2\\\varepsilon_3\\\varepsilon_4\\\varepsilon_5\\\varepsilon_6\end{pmatrix} \tag{2-4}$$

其中 Lamé 常数 λ、μ 可由材料弹性模量（或杨氏模量）E 及泊松比 ν 表示为

$$\left.\begin{aligned}\lambda&=\frac{\nu E}{(1+\nu)(1-2\nu)}\\\mu&=\frac{E}{2(1+\nu)}\end{aligned}\right\} \tag{2-5}$$

式(2-4) 即为均匀介质中的胡克定律的一般形式。由于光纤为柱形结构，通常采用柱坐标下应力应变的表示方法，即将式(2-4) 中的下标改为(r,φ,z) 的组合来表示纵向、横向及剪切应变。

(2) 均匀轴向应力作用下的光纤光栅传感模型

均匀轴向应力是指对光纤光栅进行纵向拉伸或压缩，此时各向应力可表示为 $\sigma_{zz}=-P$(P 为外加压强)，$\sigma_{rr}=\sigma_{\theta\theta}=0$，且不存在切向应力，根据式(2-4) 可得各方向应变为

$$\begin{bmatrix}\varepsilon_{rr}\\\varepsilon_{\theta\theta}\\\varepsilon_{zz}\end{bmatrix}=\begin{bmatrix}\nu\dfrac{P}{E}\\\nu\dfrac{P}{E}\\-\dfrac{P}{E}\end{bmatrix} \tag{2-6}$$

式中，E 和 ν 分别为石英光纤的弹性模量及泊松比。现已求得均匀轴向应力作用下各方向的应变值，下面在此基础上进一步求解光纤光栅应变灵敏系数。

将式(2-2) 展开得

$$\Delta\lambda_B = 2\Lambda(\frac{\partial n_{eff}}{\partial L}\Delta L + \frac{\partial n_{eff}}{\partial a}\Delta a) + 2\frac{\partial \Lambda}{\partial L}\Delta L n_{eff} \tag{2-7}$$

式中 ΔL—— 光纤的纵向伸缩量；

Δa—— 由于纵向拉伸引起的光纤直径的变化；

$\frac{\partial n_{eff}}{\partial L}$—— 纵向弹光效应；

$\frac{\partial n_{eff}}{\partial a}$—— 径向波导效应。

一般情况下相对介电抗渗张量 β_{ij} 与介电常数 ε_{ij} 的关系可用如下表达式表示

$$\beta_{ij} = \frac{1}{\varepsilon_{ij}} = \frac{1}{n_{ij}^2} \tag{2-8}$$

式中 n_{ij}—— 光纤光栅某方向上的折射率。

由于光纤的各向同性，n_{ij} 可简化为用 n_{eff} 表示，即可将式(2-8)等价变形为如下表达式

$$\Delta\beta_{ij} = \Delta(\frac{1}{n_{eff}^2}) = -\frac{2}{n_{eff}^3}\Delta n_{eff} \tag{2-9}$$

将式(2-9)代入式(2-7)，此处略去波导效应，得到如下表达式

$$\Delta\lambda_B = 2\Lambda[-\frac{n_{eff}^3}{2}\Delta(\frac{1}{n_{eff}^2})] + 2n_{eff}\varepsilon_{zz}L\frac{\partial \Lambda}{\partial L} \tag{2-10}$$

式中 $\varepsilon_{zz} = \frac{\Delta L}{L}$，为光纤的纵向伸缩应变。一般而言 β_{ij} 为 σ 的函数。对式(2-8)中的 β_{ij} 进行 Taylor 展开且略去高阶项，注意到 $\varepsilon_{rr} = \varepsilon_{\theta\theta}$，可得

$$\Delta(\frac{1}{n_{eff}^2}) = (P_{11} + P_{12})\varepsilon_{rr} + P_{12}\varepsilon_{zz} \tag{2-11}$$

式中，P_{ij} $(i = 1, j = 1,2)$ 为光纤光栅的弹光系数，此处还有 $\frac{\partial \Lambda}{\Lambda} \times \frac{L}{\partial L} = 1$，可得在弹光效应存在时的相对中心波长移位的应变变化的关系为

$$\frac{\Delta\lambda_B}{\lambda_B} = -\frac{n_{eff}^2}{2}[(P_{11} + P_{12})\varepsilon_{rr} + P_{12}\varepsilon_{zz}] + \varepsilon_{zz} \tag{2-12}$$

故可得在均匀轴向应变的情况下，FBG 相对中心波长漂移与应变变化的关系为

$$\frac{\Delta\lambda_B}{\lambda_B} = \{1 - \frac{n_{eff}^2}{2}[P_{12} - (P_{11} + P_{12})\nu]\}\varepsilon_{zz} = (1 - P_e)\varepsilon_{zz} = K_\varepsilon\varepsilon_{zz} \tag{2-13}$$

式中 $P_e = \frac{n_{eff}^2}{2}[P_{12} - (P_{11} + P_{12})\nu]$，称为有效弹光常数，而

$$K_\varepsilon = 1 - P_e = 1 - \frac{n_{eff}^2}{2}[P_{12} - (P_{11} + P_{12})\nu] \qquad (2\text{-}14)$$

K_ε 即为 FBG 相对中心波长漂移的应变灵敏度系数。

石英光纤的参数为 $P_{11} = 0.121$，$P_{12} = 0.270$，$\nu = 0.17$，$n_{eff} = 1.456$，即式(2-14) 中 FBG 的应变灵敏度系数 $K_\varepsilon = 0.784$。通常采用的 FBG 中心波长都在 1300nm 和 1500nm 两个通信低损耗波段，上述两个波段下光纤光栅均匀纵向应变引起的波长漂移为 1pm/$\mu\varepsilon$ 和1.17pm/$\mu\varepsilon$。

2.1.2　光纤光栅温度传感原理

当光纤光栅处于自由状态时，或其均匀压力场和轴向应力场恒定时，温度引起的热膨胀效应和热光效应会共同导致布拉格光纤光栅波长的变化[6]。其中，热膨胀效应改变光栅周期，热光效应使光栅区域的折射率发生改变。当温度变化 ΔT 时，光栅周期因热膨胀效应而改变，其关系表达式为

$$\Delta\Lambda = \alpha \cdot \Lambda \cdot \Delta T \qquad (2\text{-}15)$$

式中　α—— 材料的膨胀系数。

热光效应引起的光栅折射率的变化为：

$$\Delta n_{eff} = \xi \cdot n_{eff} \cdot \Delta T \qquad (2\text{-}16)$$

式中　ξ—— 热光系数，表示折射率随温度的变化率。

由以上两种效应引起的光栅波长的变化为：

$$\frac{\Delta\lambda_B}{\lambda_B} = (\alpha + \xi)\Delta T = K_T \cdot \Delta T \qquad (2\text{-}17)$$

对于掺锗石英光纤，$\alpha = 0.5 \times 10^{-6}$/℃，常温下 $\xi = 6.5 \times 10^{-6}$/℃。由于掺杂成分和掺杂浓度的不同，各种光纤的膨胀系数 α 和热光系数 ξ 有较大差别，因此温度灵敏度的差别也很大。可以计算得出在常温条件下：如果光纤光栅中心波长为 1300nm，温度每变化 1℃ 波长改变量为 9.1pm。如果光纤光栅中心波长为 1500nm，则温度每变化 1℃ 波长改变量为 10.8pm。当温度变化不大时，一般都认为 ξ 是一个常数，因此布拉格波长的变化与温度之间有较好的线性关系。但 ξ 实际上是温度的函数，因此，在实际应用中，若温度变化范围较大，则应考虑温度的非线性影响。

2.1.3 光纤光栅应变测量的温度补偿问题

在实际应用中，测量环境复杂，在利用光纤光栅对物理量进行测量时，很少存在应力或者温度单独作用的环境，应力和温度的变化通常同时存在。光纤光栅的波长变化与应变、温度变化的关系式如下式所示：

$$\frac{\Delta\lambda_B}{\lambda_B} = (1 - P_e)\varepsilon_{zz} + (\alpha + \xi)\Delta T = K_\varepsilon \varepsilon_{zz} + K_T \cdot \Delta T \tag{2-18}$$

由式(2-18)可知，FBG中心反射波长 λ_B 对应变和温度都敏感，测量得到的 $\Delta\lambda_B$，无法区分是由温度引起的还是由应力变化引起的，即外界环境温度的波动会对应力的测量精度产生影响[7]。表2-1列出了一些不同波段光纤光栅的应变灵敏度和温度灵敏度，但还应采取有效措施对温度和应力引起的波长变化加以区分，通常的办法是采用一个不受外界应力应变影响的自由裸光栅测量温度，以便进行温度补偿。从而确保在 K_ε、K_T 均为已知参数的情况下可以计算得出外界应变和热应变。

表2-1 不同波长光纤光栅的应变及温度灵敏度

波长(μm)	应变灵敏度(pm/με)	温度灵敏度(pm/με)
0.83	0.64	6.8
1.3	1	10
1.55	1.2	10.3

2.2 光纤光栅的分类与制作方法

2.2.1 光纤光栅的分类

为适应不同环境的应用需求，自诞生以来，光纤光栅的种类层出不穷，根据不同的分类标准可以将光纤光栅划分为不同的类别。下面简要介绍几种常见的光纤光栅的分类[8]。

(1) 按周期长短不同分类

根据周期的长短不同，光纤光栅可以分为短周期光栅和长周期光栅。短周期光栅通常认为是周期长度在1μm以下的光纤光栅，通常被称为光纤布拉格光栅。

它是相反传输方向模式之间发生的耦合，具有反射型特点，因此又被称为反射光栅。光纤布拉格光栅可以广泛地应用于应变、温度、压力、位移等重要物理参数的测量。长周期光栅是栅格周期范围为几十到几百微米的光栅。由于长周期光栅为同向传输的纤芯基模与包层模之间的耦合，没有反向反射光，因此它又可被称为透射光栅。长周期光栅由于其耦合方式的不同，相较于布拉格光栅传感器具有更高的灵敏度，应用也相当的广泛。

(2) 根据波导结构不同分类

根据光纤光栅折射率的轴向分布情况即波导结构不同，光纤光栅可以分为均匀光纤光栅、啁啾光纤光栅、高斯变迹光纤光栅、升余弦变迹光纤光栅、相移光纤光栅、超结构光纤光栅以及倾斜光纤光栅。均匀光纤光栅是最为常见的一种光栅，其周期及折射率调制大小均为常数。啁啾光纤光栅的栅格周期是沿着光栅轴向方向逐渐变化的，其最突出的应用是作为色散补偿器件。高斯变迹光纤光栅的光致折射率变化是沿着轴向的高斯函数，其反射光谱具有不对称的特点。升余弦变迹光纤光栅的光致折射率变化具有沿轴向为升余弦函数的特点。相移光纤光栅是通过一定位置的相位跳变来实现的。其主要应用包括窄带通滤波器及分布反馈式激光器。超结构光纤光栅是具有很多段不连续的折射率变化区域的光栅，其中具有周期性的不连续区域的光栅称为取样光栅。倾斜光纤光栅也被称为闪耀光纤光栅，其光栅条纹与光纤轴之间存在一个小于 90° 的夹角。

(3) 根据光纤材料的不同分类

根据光纤材料的不同，光纤光栅主要分为硅玻璃光纤光栅以及塑料光纤光栅两种。

2.2.2 光纤光栅的制作方法

光纤光栅的紫外写入方法有很多种，主要包括内部写入法和外部写入法。内部写入法即驻波法，是最早提出的方法，局限性很大，使用极少。外部写入法是在内部写入法的基础上发展起来的，解决了内部写入法很多局限性的问题，其使用更为灵活，方法更为多样，应用更为广泛。下面就几种比较常见的写入方法进行简单的介绍。

(1) 驻波法

驻波法即内部写入法，最早是在 20 世纪 70 年代由 Hill 及 Kawasaki 等人提出的[9-10]。典型的写入法如图 2-2 所示。氩离子激光器将光从一个端面耦合进入掺杂锗的光纤，经过光纤另一端面反射镜的反射，使光纤中的入射和反射激光相干涉形成驻波。由于纤芯材料具有光敏性，其折射率发生相应的周期变化，于是形成了与干涉周期一样的光栅。内部写入法对折射率的改变效率较低，因此，一般需要写入几十厘米长的光栅才能达到要求。另外，该方法要求光纤中锗含量高，芯径小，并且写入的光栅周期依赖于激励激光的波长，只能够制作布拉格波长与写入波长相同的光纤光栅，目前很少被采用。

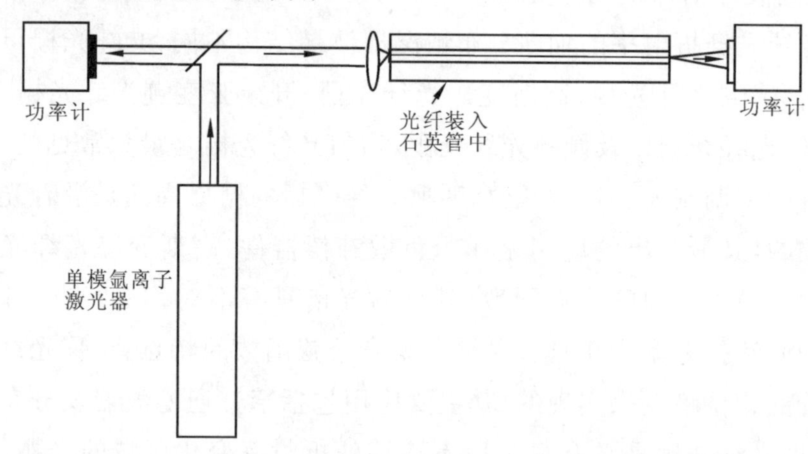

图 2-2　内部写入法光纤光栅实验装置示意图

(2) 侧向写入法

侧向写入法又称为分振幅干涉法，于 1989 年由 Meltz 等人首先提出[11]，1996 年 Dockney 等人又将其进行了改进，消除了由于反射次数不同带来的干涉条纹质量不高的问题[12]。分振幅干涉法是将光通过分光镜分为两束等强度的紫外光，利用平面反射镜反射后相叠加，产生与光纤轴线垂直的周期分布的干涉条纹。利用这个方法对光敏光纤进行曝光得到光纤光栅。图 2-3 为分振幅干涉法的基本原理图。

光纤布拉格光栅的周期 Λ 与干涉条纹图案的周期相等，并且取决于入射光波长 λ_w 和两束相干光夹角的一半 θ(图 2-3)。光栅周期如下式计算：

$$\Lambda = \frac{\lambda_w}{2\sin\theta} \tag{2-19}$$

式中　λ_w—— 紫外光波长；

θ—— 两束相干光夹角的一半。

分振幅干涉法制作光纤光栅的主要缺点是其对外界环境要求很高，任何亚微米级机械振动都会直接导致光纤光栅制作的失败。

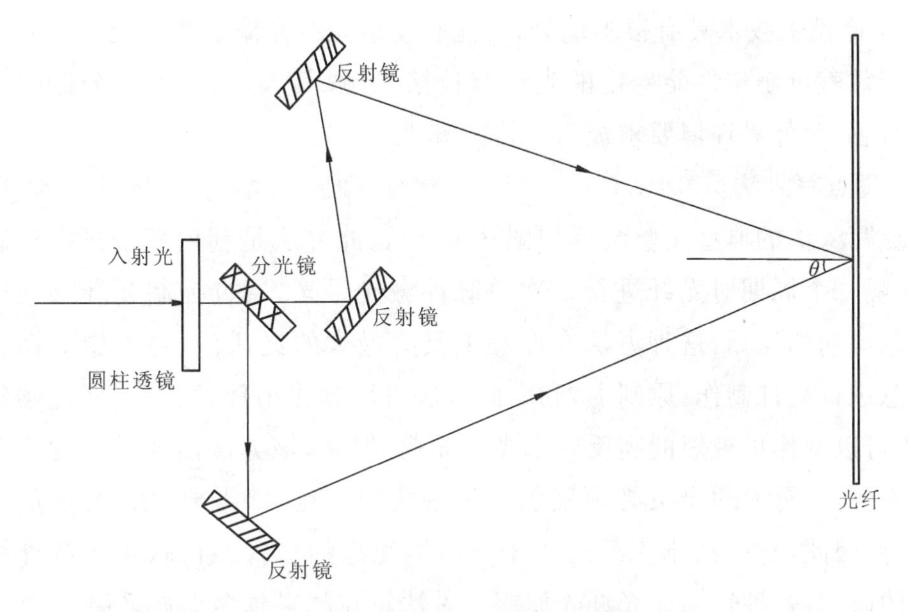

图 2-3　分振幅干涉法的基本原理图

(3) 相位掩模板写入法

作为写入光纤光栅最为有效的方式之一，相位掩模板写入法是利用光衍射器件即相位掩模板对紫外光进行调制来制作光纤光栅的[13-15]。相位掩模板是在熔融石英上蚀刻具有周期为 Λ 的表面结构形成的。入射到相位掩模板上紫外光的零级衍射光被衰减到低于透射功率的百分之几，而一级衍射被最大化并且干涉形成近场条纹。干涉条纹使得光敏光纤的纤芯中产生周期性的折射率调制，形成光纤光栅。图 2-4 显示了相位掩模板写入法制作光纤布拉格光栅的基本原理。

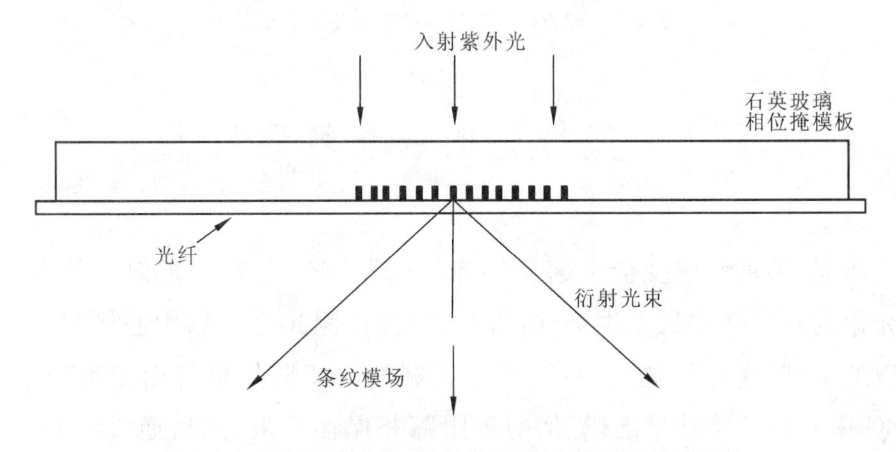

图 2-4　相位掩模板写入法制作光纤布拉格光栅的原理图

相位掩模板技术具有很多优势，首先它使得光纤光栅制作系统简单到只需一个光学器件就可制作性能稳定的光纤布拉格光栅；其次，它克服了分振幅干涉法对振动敏感、对外界环境要求极为严格的弊端。

(4) 逐点写入法

逐点写入法的典型实验装置如图 2-5 所示。此方法是利用精密机构控制光纤移动，每隔一个周期对光纤进行一次单脉冲激光曝光。通过控制光纤移动速度可写入任意周期的光栅。这种方法在原理上具有最大的灵活性，对光栅的耦合截面可以任意进行设计制作。原则上，利用此方法可以制作出任意长度、任意倾斜度的光栅，也可以制作出极短的高反射率光纤光栅。但是，该方法需要精密的机械移动控制技术，而且写入的光束必须聚焦到很密集的一点，即需要复杂的聚焦光学系统来支持。因此，这一技术主要适用于长周期光栅的写入。目前，由于各种精密移动平台的研制，这种长周期光纤光栅写入方法正在越来越多地被采用。

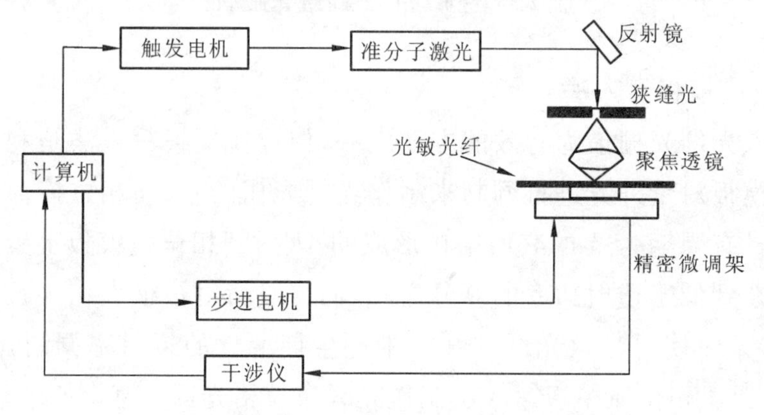

图 2-5 逐点写入法的典型实验装置示意图

2.3 光纤光栅波长解调技术

如前所述，温度和应变会引起光纤光栅栅距和纤芯有效折射率的变化，从而使光纤光栅的布拉格波长发生漂移，因此，通过检测光纤光栅中心漂移量，就可以获得对应的温度、应变等被测参量。光纤光栅波长解调就是将由温度或者应变引起的 FBG 中心波长漂移量准确、实时地跟踪并保存下来，然后通过中心波长的变化量来反推 FBG 传感器所处位置的应变或温度变化。

光纤光栅解调仪作为光纤光栅类传感器的通用解调设备，是与光纤光栅类传感器配套的不可或缺的设备。光纤光栅解调仪能对光纤光栅中心反射波长的微小偏移进行精确测量，波长解调技术的优劣直接影响整个传感系统的检测精度，因此光纤光栅波长解调技术是实现光纤光栅传感的关键技术之一。

光纤光栅解调仪在结构健康监测系统中有着非常重要的作用，它将光纤光栅传感器的波长信号解调出来，并传送给计算机，计算机将各种波长的信号转化为待测物理量的特征信号，即可对结构实行实时监测。在结构健康监测系统中，如图 2-6 所示，传感器为网络中的树叶节点，解调仪为树根节点，树干节点为传输光纤。解调仪的通道数量决定了树干节点光纤的芯数。多个解调仪构成的树状结构组成了森林，该森林中树的数量仅受到计算机局域网内 IP 地址的限制。从一定程度上说，光纤光栅解调仪决定了一套结构健康监测系统的成本。为了实现被测物理量的高精度测量，在过去的十多年里，相关科学家在光纤光栅传感器技术的研究和应用方面取得了突破性的进展，提出了许多解调方法来检测光纤光栅中心波长的微小变化，比较典型的有：匹配滤波法、非平衡 Mach-Zehnder(M-Z) 干涉仪法、边缘滤波法、可调谐 Fabry-Perot(F-P) 滤波器法等，如表 2-2 所示。

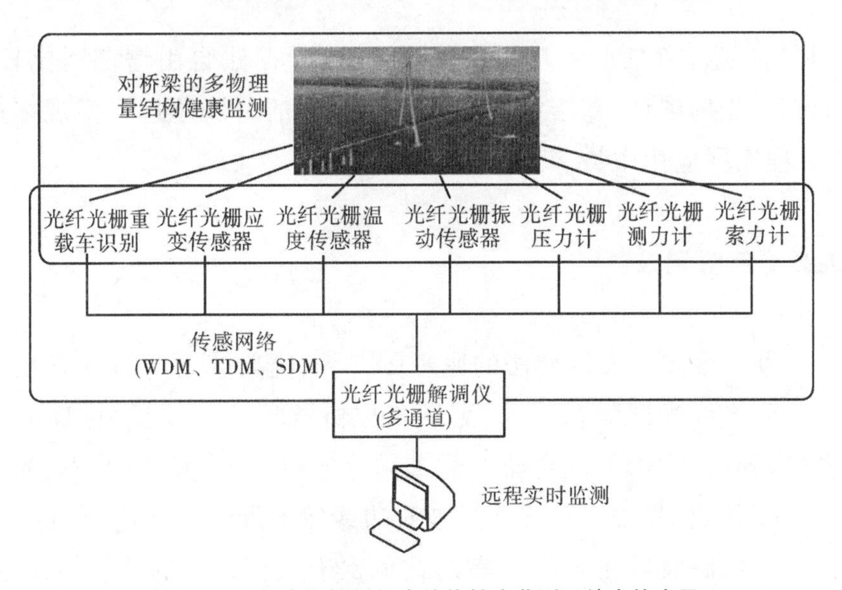

图 2-6　光纤光栅解调仪在结构健康监测系统中的应用

表 2-2 常用光纤光栅解调方法

解调方法	基本原理	特点	适用场合
匹配滤波法	利用一个与传感光栅参数一样的匹配光栅来过滤波长	优点:结构简单,分辨率较高。缺点:自由谱范围窄,对匹配光栅要求高	静态测量或者低速测量
边缘滤波法	将波长变化转化为光强变化	优点:成本较低,有较好的线性输出。缺点:分辨率不是很高	实验室
非平衡 M-Z 干涉仪法	将波长变化转化为相位变化	分辨率高,但是灵敏度和测量范围不容易调整,不稳定且不能复用	动态变量测量
可调谐 F-P 滤波器法	利用 F-P 滤波器的可调谐滤波作用	体积小,灵敏度高,光能利用率高,解调比较方便	工程应用

边缘滤波法适于在实验室环境中使用,匹配光栅法自由谱范围比较窄,不适合多通道的光纤光栅解调。基于可调谐 F-P 滤波器的解调原理可实现多通道同时解调,且在工程实际应用中最多。

2.3.1 边缘滤波解调法

图 2-7 为边缘滤波波长解调法的原理图[16-22]。宽带光源(BBS) 发出的光通过耦合器后入射到光纤光栅传感器上,满足布拉格波长的光波反射。反射光依次通过光耦合器(Coupler)1 和光耦合器 2 后被均分成两束光,其中的一束光直接被光电探测器(PD)1 接收,另外一束光通过波长边缘滤波器后被光电探测器 2 接收。

假设波长边缘滤波器在波长 λ_1 和 λ_2 之间具有近似线性的波长转换系数,则其波长转换系数可表示为:

$$T(\lambda) = \begin{cases} 1 - \dfrac{\lambda - \lambda_1}{\lambda_2 - \lambda_1} & (\lambda_1 \leqslant \lambda \leqslant \lambda_2) \\ 0 & \end{cases} \tag{2-20}$$

光电探测器 2 探测到的光强 I_1 可表示为:

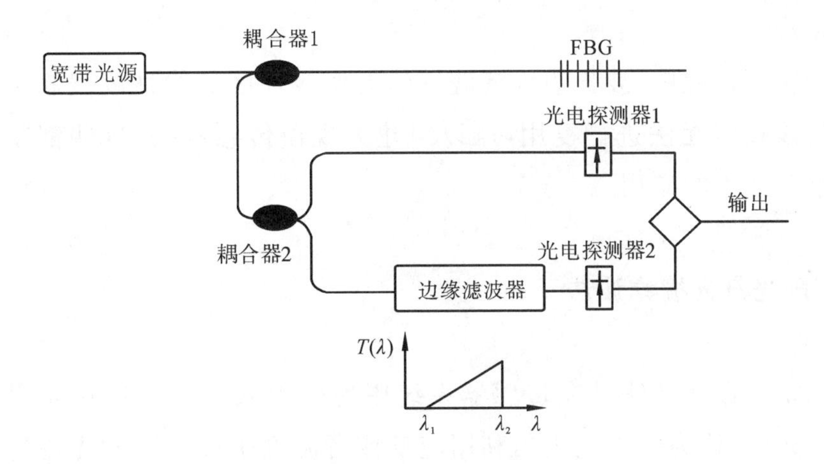

图 2-7　边缘滤波波长解调法的原理图

$$I_1 = A_1\int_{-\infty}^{+\infty} T(\lambda)S(\lambda)\mathrm{d}\lambda \tag{2-21}$$

式中　$S(\lambda)$——FBG 的反射谱函数；

A_1——光路中与光波长无关的焊接损耗。

光电探测器 1 探测到的光强 I_2 可表示为：

$$I_2 = A_2\int_{-\infty}^{+\infty} S(\lambda)\mathrm{d}\lambda \tag{2-22}$$

式中　A_2——光路中与光波长无关的焊接损耗。

定义函数 $\eta(\lambda)$，如式(2-23) 所示：

$$\eta(\lambda) = I_1/I_2 \tag{2-23}$$

式中　I_1，I_2——关于 FBG 中心反射波长 λ_B 的函数。

$\eta(\lambda)$ 为波长调制函数，用其来评估传感量的测量值。将式(2-21) 和式(2-22) 代入式(2-23) 中得到：

$$\eta = KT(\lambda_B) \tag{2-24}$$

由式(2-24) 可知，测量值 η 只与传感光栅中心波长 λ_B 有关，与宽带光源的光强抖动和光路中的各种损耗无关。光纤光栅边缘滤波解调属于强度型解调，如何消除光强扰动对测量精度的影响是系统设计的关键。由数学推导可知，通过引入参考光路，用传感光路的光强与参考光路的光强做除法运算可以消除光功率扰动的影响。

波长边缘滤波解调系统具有系统结构简单、无须使用成本昂贵的光精密器件，以及波长灵敏度高、响应速度快等特点，可用于解调高频振动状态下的光纤光栅波长变化量。

在实际应用过程中，波长边缘滤波器的近似线性区域线性度限制了波长测量精度。并且，该技术无法进行复用，难以组建大规模传感网络，这些都制约了波长边缘滤波解调技术的应用。

2.3.2 匹配光纤光栅滤波法

匹配光纤光栅滤波法是在传感器系统中另外引入一个与传感光栅中心波长相近的光纤光栅(称为匹配光栅)，利用应变或者温度来调谐匹配光栅的波长从而跟踪传感光纤光栅的波长漂移[23-26]。匹配光纤光栅可调谐滤波波长解调系统原理图如图 2-8 所示。

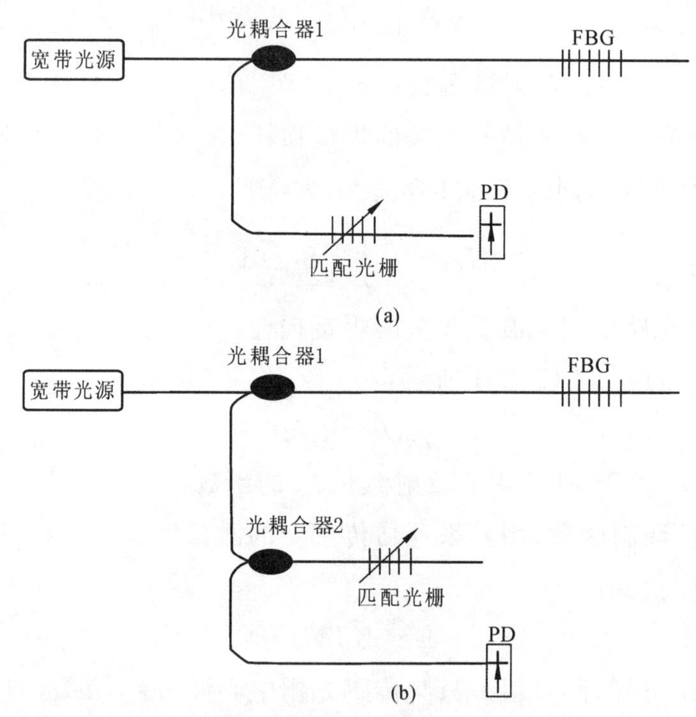

图 2-8 匹配光纤光栅可调谐滤波波长解调系统原理图

(a) 透射式；(b) 反射式

根据匹配光栅在光路中的接入位置不同可分为透射式[图 2-8(a)]和反射式[图 2-8(b)]两种结构。在透射式结构中，光电探测器直接接在匹配光栅的后面，探测被匹配光栅透射滤波后的光强信号。在反射式结构中宽带光源发出的光经过光耦合器 1 入射到传感光栅，满足布拉格波长的光被传感光栅反射，反射光依次经过光耦合器 1 和光耦合器 2 入射到与传感光栅中心波长相近的匹配光栅，光电探测器探测被匹配光栅反射滤波后的光强信号，并将光强信号转化为电压信号。

光纤光栅反射谱可以用高斯函数近似描述为：

$$S(\lambda) = I_0 R_S \exp[-4\ln \frac{2(\lambda - \lambda_S)^2}{\Delta\lambda_S^2}] \tag{2-25}$$

式中　I_0—— 宽带光总入射光强；

R_S—— 光纤光栅反射率；

λ_S—— 光纤光栅的布拉格波长；

$\Delta\lambda_S$—— 光纤光栅 3-dB 带宽。

匹配光栅的反射谱可表示为：

$$R(\lambda) = R_B \exp[-4\ln \frac{2(\lambda - \lambda_B)^2}{\Delta\lambda_B^2}] \tag{2-26}$$

式中　R_B，λ_B—— 匹配光栅的反射率和布拉格波长；

$\Delta\lambda_B$—— 匹配光纤光栅的 3-dB 带宽。

在反射式结构中，入射到光电探测器的光谱 $I(\lambda)$ 为 $\alpha AS(\lambda)\cdot R(\lambda)$，即：

$$I(\lambda) = \alpha A \int_{-\infty}^{+\infty} S(\lambda')R(\lambda - \lambda_S')\mathrm{d}\lambda' \tag{2-27}$$

式中　α—— 耦合器总的衰减；

A—— 光路中其他因素造成的光强损耗系数。

在反射式结构当中，光在传播过程中四次经过耦合器，因此 $\alpha = 1/16$。光电探测器接收到的光功率 $P_D(\lambda_B)$ 为：

$$P_D(\lambda_B) = \int_{-\infty}^{+\infty} I(\lambda_B)\mathrm{d}\lambda \tag{2-28}$$

从式(2-28) 可以看出，$P_D(\lambda_B)$ 是 λ_B 的函数，通过应力或者温度调谐匹配光栅波长时，λ_B 发生漂移，光电强度变化曲线的极大值即传感光纤光栅的峰值波长。

匹配光纤光栅可调谐滤波波长解调系统的特点是系统灵敏度高、结构简单以及成本较低。但是同波长边缘滤波解调系统类似，传感器也不能复用。另外，系统的测量范围受到匹配光纤光栅波长调谐范围的制约(小于 5nm)，解调系统的重复性、稳定性以及波长精度相对较低。

2.3.3　光谱检测解调技术

光纤光栅光谱检测解调技术是在光谱成像技术的基础上演变而来的，原理如图 2-9 所示[27-31]。宽带光源(BBS) 发出的光经过光耦合器后入射到光纤光栅(FBG)，满足布拉格波长条件的光被 FBG 反射后再次通过耦合器和准直透镜后入射到体相位光栅(VPG)。

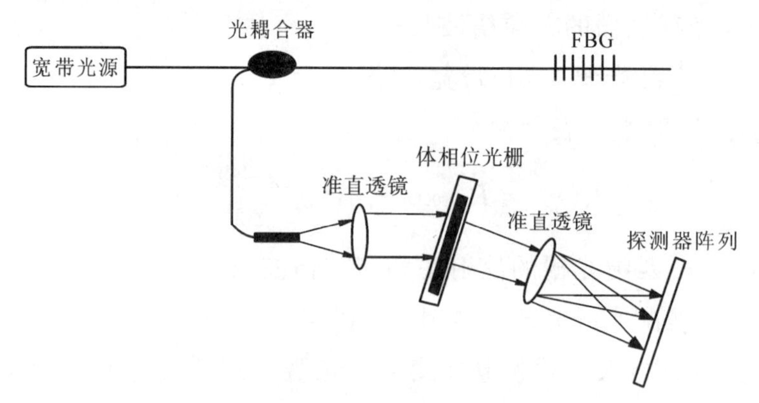

图 2-9　光谱检测解调系统原理图

不同波长的光衍射角度不同，可以表示为：

$$\sin\alpha - \sin\beta = \frac{m\lambda}{d} \tag{2-29}$$

式中　α,β—— 光的入射角和衍射角；

m—— 衍射级数；

d—— 光栅周期。

VPG 起到波分的作用，将不同波长的光分别透射到探测器阵列(InGaAs 阵列)的不同探测单元。通过各个探测单元的光强信息就可以获取 FBG 的反射谱，然后利用寻峰算法得到 FBG 的中心波长。

目前利用体相位光栅和 InGaAs 探测器阵列相结合实现 FBG 波长解调的技术已经商业化。美国 Bayspec 公司和丹麦 Ibsen 都拥有非常成熟的 FBG 波长解调模块。该系统具有结构紧凑、无机械活动部件和精度高等特点，解调速度最大可以达到 5kHz，波长检测精度为± 5pm，与光开关相结合可以实现多通道同时测量，但需要牺牲波长解调频率。

2.3.4　非平衡 Mach-Zehnder 干涉解调法

1992 年，A. D. Kersey 等人提出非平衡 Mach-Zehnder 干涉仪法，利用非平衡 Mach-Zehnder 干涉仪把光纤光栅波长变化量转变为相位变化信息，非平衡 Mach-Zehnder 干涉解调法结构图如图 2-10 所示。其工作原理是：

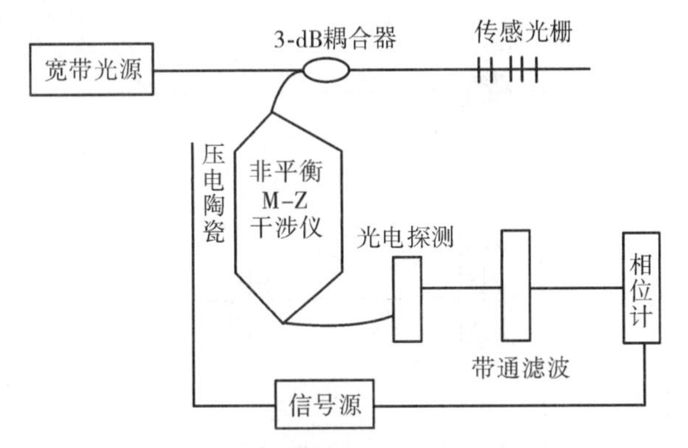

图 2-10　非平衡 Mach-Zehnder 干涉解调法结构图

宽带光源发出的光经过一个 3-dB 耦合器入射到 FBG，满足布拉格条件的光被 FBG 反射回来，再次通过 3-dB 耦合器后进入非平衡 Mach-Zehnder 干涉仪。通过干涉仪把布拉格波长(λ_B)漂移量($\Delta\lambda_B$)转化为相位变化[$\Delta\psi(\lambda)$]，波长变化量与相位变化量的关系可以表示为：

$$\Delta\psi(\lambda) = \frac{2\pi nd}{\lambda_B^2}\Delta\lambda \tag{2-30}$$

式中　n—— 光纤的折射率；

d—— 干涉仪的两臂长度差。

由式(2-30)可知，通过探测 Mach-Zehnder 干涉仪的相位输出就可以知道波长变化量，从而实现波长解调。非平衡 Mach-Zehnder 干涉仪波长解调法的特点是灵敏度高、动态范围大。据相关文献报道，其分辨率可达到 1nε/Hz，测量范围达[(±700)～(±2300)]$\mu\varepsilon$。正是由于其灵敏度高，所以非平衡 Mach-Zehnder 干涉仪波长解调系统极易受外界环境扰动和温度影响，这种波长解调方法只能测量频率大于 100Hz 的动态应变，并且只能实现光纤光栅传感器的单点测量。

2.3.5 可调谐滤波器扫描法

利用波长可调谐滤波器扫描 FBG 所处的波长范围，当可调谐滤波器输出波长和 FBG 中心波长重合时输出最大光强，此时光电转换模块输出极大电压值。可调谐滤波器扫描法原理如图 2-11 所示[31-44]。

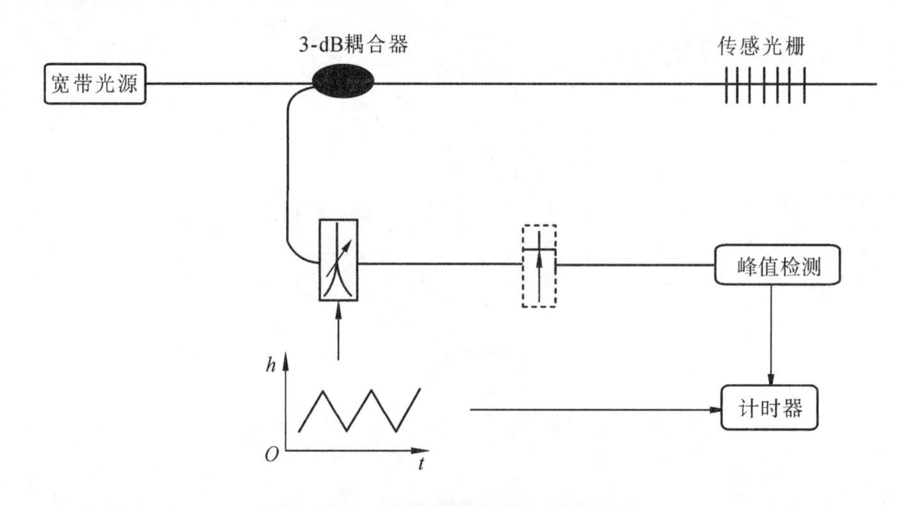

图 2-11 可调谐滤波器扫描法原理

目前用于 FBG 波长解调的可调谐滤波器有声光滤波器、FBG 滤波器、可调谐 F-P 滤波器等。声光滤波器的特点是具有极高的调制频率，但是其波长扫描范围窄。FBG 利用应力或者温度也可以实现波长调谐，但是同声光调制器一样，因其波长调谐范围较窄（小于 8nm）而不利于多个传感器的复用。可调谐 F-P 滤波器是目前最适合用来解调 FBG 波长的可调谐滤波器，它具有可调谐范围大、精度高以及扫描速度较快等特点。美国 Micron Optics 公司生产的 FP-TFF2 系列可调谐滤波器的波长最大调谐范围为 100nm，最大调谐频率可达 2000Hz，3-dB 带宽小于 0.4nm，目前广泛应用于 FBG 波长解调领域，但是其价格昂贵。在国内，武汉理工光科股份有限公司、北京理工大学突破国外专利技术封锁，目前已经成功研制出可以商业化的可调谐 F-P 滤波器，但是在波长调谐范围以及调谐速率上与国外产品还有差距。

可调谐 F-P 滤波器是通过 PZT 改变腔长来实现波长调谐的，但是 PZT 具有迟滞和非线性效应。因此，利用三角波电压来驱动 F-P 滤波器扫描的时候，驱动电压和 F-P 滤波器透射波长并不是完全的线性对应关系。在解调系统中引入其他的波长参考器是提高解调系统波长精度的必要条件，如图 2-12 所示为在解调系统中引入波长参考器后的结构图。目前，基于可调谐 F-P 滤波器的波长解调仪由于具有精度高、稳定性好和利用波分复用技术可以实现传感器多点复用等特点而应用最为广泛。

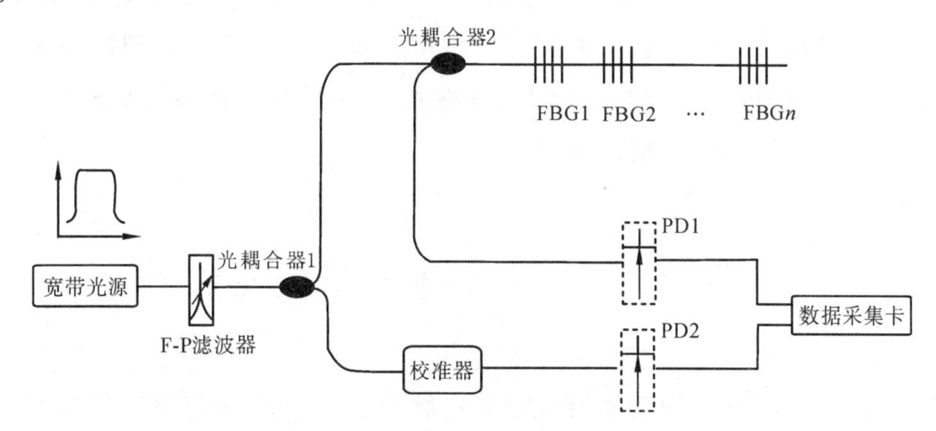

图 2-12 引入波长参考器的可调谐 F-P 滤波器波长扫描系统

2.3.6 可调谐激光器波长解调法

利用波长可调谐激光器可以代替宽带光源和可调谐 F-P 滤波器实现 FBG 波长解调[45-49]。目前用于 FBG 波长解调的可调谐激光器主要分为可调谐光纤激光器和可调谐 DFB 激光器。与可调谐 F-P 滤波器波长解调系统类似，需要使可调谐激光器输出波长扫描整个 FBG 波长范围，原理图如图 2-13 所示。

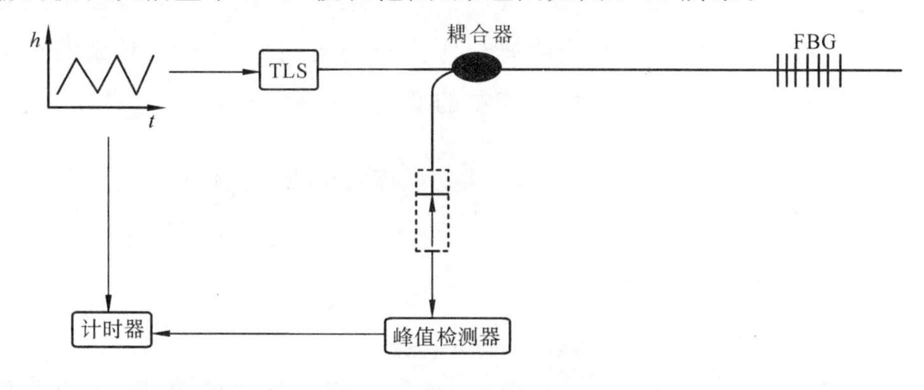

图 2-13 可调谐激光器波长解调系统

可调谐激光器在三角波信号的驱动下实现波长线性扫描，在三角波信号上升沿或者下降沿光电探测模块探测到的电压值曲线就是FBG反射光谱的轮廓。利用寻峰算法找出电压峰值点，将电压峰值点对应的位置与三角波位置相比较可以得到此时可调谐激光器的输出波长，这个波长即为FBG的中心波长。

可调谐激光器波长解调法的原理简单，并且由于激光器输出功率强，因此系统信噪比高。然而系统的波长解调精度受到可调谐激光器的波长扫描稳定性和线性度影响，具有良好的波长稳定性和扫描线性的可调谐激光器价格极其昂贵，不利于FBG传感系统的大规模商业化。

2.4 光纤光栅传感网络复用技术

在实际工程应用中，通常需要大量的传感器才能较完整全面地获得被测对象的物理信息（如温度场、应变场等）。光纤光栅复用技术将大量传感光栅串接在同一系统中，共用同一光源和解调系统，节省了大量组网线路并提高了空间利用率，因而光纤光栅复用技术在传感监测领域得到广泛应用。常用的光纤光栅复用技术有波分复用、空分复用和时分复用三种。

波分复用系统原理图如图2-14所示，每个FBG传感器的中心波长在特定的范围内，一根光纤同时传输多个波长光信号。在发送端（宽带光源）将不同波长的光信号组合起来（复用）耦合到光缆中的同一根光纤中传输，在接收端（波长探测器）再将不同波长的光信号分开（解复用）。当外界环境变化时，每个光纤光栅的中心波长在一定的范围内波动且不重叠。利用波长解调系统得到一定状态下的各个光纤光栅的中心波长，与各自光栅初始波长作比较后可得每个光纤光栅的波长漂移量，即可监测出该光栅处温度场和应变场的变化。

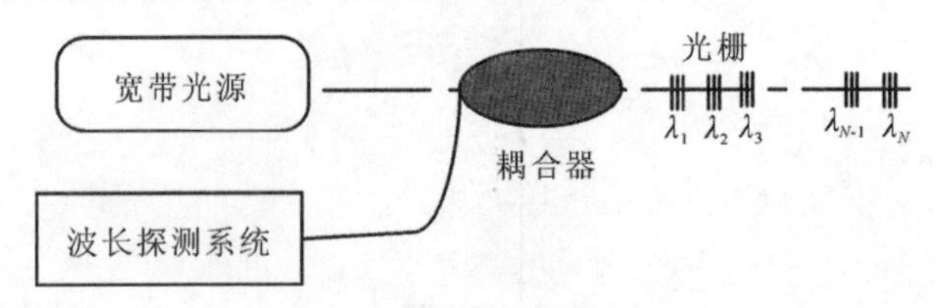

图2-14 波分复用原理图

空分复用系统原理图如图2-15所示，空分复用也称多路复用，它由多根光纤组成的支路，通过开关矩阵完成支路之间的连接。每个传感光栅单独占据一个传输通道，所有的传感器都连接在一个光开关上，通过控制光开关选择传感通道输入端与光开关输出端的连通。

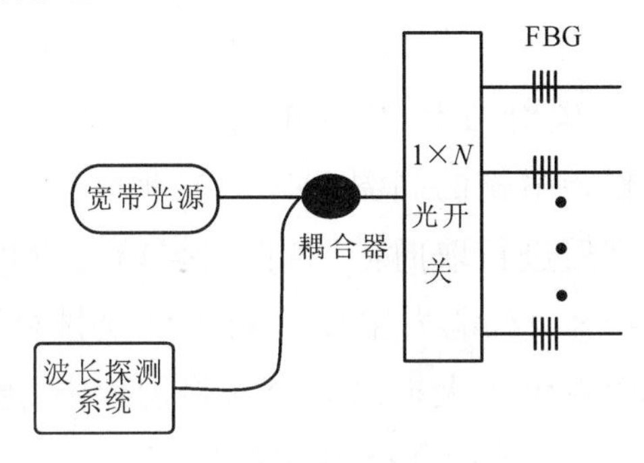

图 2-15　空分复用原理图

时分复用系统原理图如图 2-16 所示，时分复用是指对光信号进行时间分割复用，在光纤中只传输单一波长的光信号，通过每个传感光栅后，各个光栅会产生不同的时延，通过各个光脉冲从发出到被波长探测器探测到的时间差可确定传感器的确切位置。

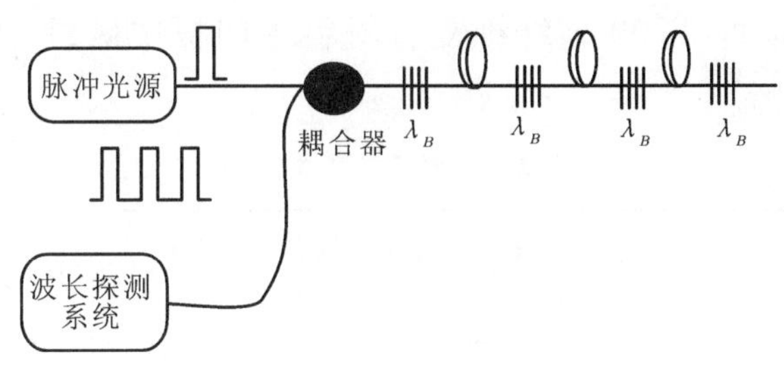

图 2-16　时分复用原理图

2.5　CFRP 复合材料应力应变相关理论

复合材料是指由两种或两种以上不同形态、不同性能的材料，以不同的层次与结构布局经过复杂的空间组合形成的具有新性能的材料[50]。复合材料具备质量轻、强度高、耐腐蚀、耐高低温、易于成型等优点，在社会的各行各业中得到广泛应用，如建筑、桥梁、航空航天等领域。目前在复合材料增强相中应用最为广泛的是碳纤维、玻璃纤维和芳纶纤维，不同的纤维其力学性能有较大的不同。其中，碳纤维拉伸强度和模量都很高，而玻璃纤维拉伸强度高但拉伸模量低，芳纶纤维拉伸强度和拉伸模量介于碳纤维和玻璃纤维之间。此外，碳纤维复合材料还具有热膨胀系数低、比强度和比刚度高、高低温力学性能优异等优点。因此，在航空航天结构部件上应用最多的是碳纤维增强树脂基复合材料(Carbon Fiber Reinforced

Composites,CFRP),代表性的产品有复合材料推进剂燃料贮箱、复合材料机翼等[33-35]。

碳纤维复合材料是由碳纤维作为增强相、树脂作为基体的一种新型材料。CFRP 材料主要是通过复杂精密的高温碳化工艺获取高分子合成纤维原丝,然后将碳纤维原丝预拉伸处理后进行取向排列,再根据结构设计进行整体成型固化制备而成[51]。复合材料的力学承载能力主要依赖于增强材料,合理设计复合材料中增强纤维的铺层方式和含量可大大提高复合材料的性能。基体树脂在复合材料体系中也起着较为重要的作用。在复合材料成型过程中,基体树脂与增强材料结合形成一个整体;在复合材料承载过程中,树脂基体在纤维之间传递荷载,充分发挥增强相的作用[52]。

以基于日本东丽公司生产的T700SC－12000－50C型号碳纤维制作的某种复合材料为例,其相关参数见表 2-3,复合材料中的基体主要成分为环氧树脂 3101,相关参数见表 2-4。该种 T700 碳纤维复合材料单向板中碳纤维占有率为 60%,环氧树脂占有率为 40%。

表 2-3 碳纤维基本参数

拉伸强度(MPa)	拉伸模量(GPa)	伸长率(%)	密度(10^3 kg/m^3)	屈服度(g/km)	热膨胀系数	直径(μm)
4860	234	2.1	1.79	806	-0.7×10^{-6}/℃	7.0

表 2-4 环氧树脂基体基本参数

外观	相对分子质量	环氧当量(g/Eq)	有机氯(当量 /100g)	无机氯(当量 /100g)	软化点(℃)	线膨胀系数(℃$^{-1}$)
淡黄色透明液体	350 ~ 450	210 ~ 240	≤0.02	≤0.01	12 ~ 20	60×10^{-6}

碳纤维复合材料单向板主要由纤维相和基体相两种成分组成,纤维和基体之间会形成一层较薄的界面相,为简化分析,可将界面相近似看成是均匀材料。复合材料在固化成型过程中主要经历高温固化阶段、降温阶段、应力协调阶段等三个阶段[53]。

固化初期,黏稠状的树脂具有流动性,碳纤维和树脂之间处于应力自由状态;随着温度升高,固化过程不断进行,树脂从流动性变为黏弹性最终变为固态的弹性体。材料固化完成以后,由于材料内部化学变化的不均匀性造成复合材料细观残余应力,在高温固化阶段,这种残余应力一般忽略不计。在降温阶段,由于复合材料体系中的纤维、基体、界面相的热膨胀系数不同,三者之间的变形会相互限制，进而引起残余应力。在应力协调阶段，复合材料经过相关热处理等工艺，使其内部应力达到稳定状态，达到成型要求。

纤维和树脂通过界面相连接成一个整体，构成复合材料体系。复合材料中的残余应力、界面相力传递性能、复合材料整体力学性能与界面相性能密切相关。复合材料界面相性能的表征是复合材料研究的重点和难点之一，界面相与基体和纤维形成一个整体，并通过它传递应力，因此界面相对复合材料力学性能起着重要作用。

在复合材料层合板成型和服役过程中，不可避免受到各种应力应变作用，对于各向同性材料，假设其为完全弹性体，其本征关系（即应力 - 应变关系）可用式(2-31) 表达：

$$\begin{Bmatrix} \sigma_{11} \\ \sigma_{22} \\ \sigma_{33} \\ \sigma_{44} \\ \sigma_{55} \\ \sigma_{66} \end{Bmatrix} = \begin{Bmatrix} C_{11} & C_{12} & C_{13} & C_{14} & C_{15} & C_{16} \\ C_{21} & C_{22} & C_{23} & C_{24} & C_{25} & C_{26} \\ C_{31} & C_{32} & C_{33} & C_{34} & C_{35} & C_{36} \\ C_{41} & C_{42} & C_{43} & C_{44} & C_{45} & C_{46} \\ C_{51} & C_{52} & C_{53} & C_{54} & C_{55} & C_{56} \\ C_{61} & C_{62} & C_{63} & C_{64} & C_{65} & C_{66} \end{Bmatrix} \begin{Bmatrix} \varepsilon_{11} \\ \varepsilon_{22} \\ \varepsilon_{33} \\ \varepsilon_{12} \\ \varepsilon_{23} \\ \varepsilon_{31} \end{Bmatrix} \tag{2-31}$$

其中 C 为刚度系数，由于复合材料层合板结构可视为正交各向异性材料，可得出：

$$C_{ij} = C_{ji}(i,j = 1,2,3,4,5,6) \tag{2-32}$$

将式(2-31) 化简，可知其刚度矩阵一共包含 21 个独立参数。定义 S 为柔度矩阵，并且柔度矩阵 S 为刚度矩阵 C 的逆形式，两个矩阵都是复合材料的弹性常数，故用应力分量表示应变分量，矩阵形式如下：

$$[\varepsilon] = [S][\sigma] \tag{2-33}$$

一般情况下，复合材料的单层可视为正交各向异性材料，由对称关系可知，复合材料单层板在主方向上的柔度矩阵可表示为

$$[S] = \begin{Bmatrix} S_{11} & S_{12} & S_{13} & 0 & 0 & 0 \\ S_{12} & S_{22} & S_{23} & 0 & 0 & 0 \\ S_{13} & S_{23} & S_{33} & 0 & 0 & 0 \\ 0 & 0 & 0 & S_{44} & 0 & 0 \\ 0 & 0 & 0 & 0 & S_{55} & 0 \\ 0 & 0 & 0 & 0 & 0 & S_{66} \end{Bmatrix} \tag{2-34}$$

工程上常采用泊松比 V_{ij}、弹性模量 E_i 和剪切模量 G_{ij} 来表示柔度矩阵和刚度矩阵中的独立参数，因此(2-34)可表示为：

$$[S]=\left\{\begin{matrix} \frac{1}{E_1} & -\frac{V_{21}}{E_2} & -\frac{V_{31}}{E_3} & 0 & 0 & 0 \\ -\frac{V_{12}}{E_1} & \frac{1}{E_2} & -\frac{V_{32}}{E_3} & 0 & 0 & 0 \\ -\frac{V_{13}}{E_1} & -\frac{V_{23}}{E_2} & \frac{1}{E_3} & 0 & 0 & 0 \\ 0 & 0 & 0 & \frac{1}{G_{12}} & 0 & 0 \\ 0 & 0 & 0 & 0 & \frac{1}{G_{23}} & 0 \\ 0 & 0 & 0 & 0 & 0 & \frac{1}{G_{12}} \end{matrix}\right\} \tag{2-35}$$

由 $S = C^{-1}$，可求出刚度矩阵 C 的独立分量表达式：

$$\left.\begin{aligned} & C_{12} = \frac{E_1(1-V_{23}V_{32})}{\Delta}; C_{12} = \frac{E_2(V_{12}+V_{32}V_{13})}{\Delta} \\ & C_{22} = \frac{E_2(1-V_{13}V_{31})}{\Delta}; C_{13} = \frac{E_3(V_{13}+V_{12}V_{23})}{\Delta} \\ & C_{33} = \frac{E_3(1-V_{12}V_{21})}{\Delta}; C_{23} = \frac{E_3(V_{23}+V_{21}V_{31})}{\Delta} \\ & C_{44} = C_{12}; C_{55} = C_{23}; C_{66} = C_{13} \end{aligned}\right\} \tag{2-36}$$

式(2-36)中，$\Delta = 1-V_{12}V_{21}-V_{23}V_{32}-V_{13}V_{31}-2V_{21}V_{32}V_{13}$；由式(2-36)可知，复合材料层合板中剪切应力引起的应变和正应力引起的应变不会互相耦合。复合材料层合板中，子层间纤维的铺设角度是不同的，假设某一层纤维的铺设角度为 θ，可计算子层在整体坐标系下的刚度矩阵，表达式为：

$$[\bar{C}] = [T][C][T]^{\mathrm{T}} \tag{2-37}$$

其中，$[T]$ 为坐标转换矩阵，其表达式为

$$[T] = \begin{bmatrix} \cos^2\theta & \sin^2\theta & 0 & 0 & 0 & -2\cos\theta\sin\theta \\ \sin^2\theta & \cos^2\theta & 0 & 0 & 0 & 2\cos\theta\sin\theta \\ 0 & 0 & 1 & 0 & 0 & 0 \\ 0 & 0 & 0 & \cos\theta & \sin\theta & 0 \\ 0 & 0 & 0 & -\sin\theta & \cos\theta & 0 \\ \cos\theta\sin\theta & -\cos\theta\sin\theta & 0 & 0 & 0 & \cos^2\theta-\sin^2\theta \end{bmatrix} \tag{2-38}$$

则子层的柔度矩阵在整体坐标系下的表达式为：

$$[\bar{S}]=([T]^{-1})^{\mathrm{T}}[S][T]^{-1} \tag{2-39}$$

常温环境下，基体相和界面相主要受到环向的拉应力和径向的压应力作用；极端低温环境下，由于温度变化较大，基体相和界面相受到的拉应力和压应力会有较大的提升，复合材料内部受力状况会发生较大的改变，从而影响界面相荷载的传递和复合材料整体力学性能。在极端低温（液氮浸泡）环境下，复合材料试样的基体相和界面相上的环向拉应力和径向压应力比常温时大得多，长期处于极端低温环境下，在此较大应力作用下，复合材料结构会发生静载破坏，基体和纤维界面脱黏，基体产生微裂纹并逐渐扩展，进而影响复合材料整体力学性能。通过柔度矩阵和刚度矩阵的表达式，可求出层合板任意子层的应力应变。

2.6 CFRP 层合板冲击损伤理论

复合材料层合板在冲击荷载的作用下会发生多种损伤模式，常见的有纤维压缩、纤维拉伸、基体压缩、基体拉伸以及分层等损伤模式，严重时可导致复合材料层合板失效。目前，对复合材料层合板失效判断的研究主要分为两类。

（1）单一模式的失效判定

根据层合板中的强度参数和应力参数判断层合板的失效，并不考虑具体的失效模式，具有代表性的是 Tsai-Hill 强度失效判据[54]：

$$\frac{\sigma_1^2}{X_{\mathrm{t}}X_{\mathrm{c}}}-\frac{\sigma_1\sigma_2}{X_{\mathrm{t}}X_{\mathrm{c}}}+\frac{\sigma_2^2}{Y_{\mathrm{t}}Y_{\mathrm{c}}}+\frac{X_{\mathrm{c}}-X_{\mathrm{t}}}{X_{\mathrm{t}}X_{\mathrm{c}}}\sigma_1+\frac{Y_{\mathrm{c}}-Y_{\mathrm{t}}}{Y_{\mathrm{t}}Y_{\mathrm{c}}}\sigma_2+\frac{\tau_{12}}{S^2}=1 \tag{2-40}$$

X_{t}、X_{c}、Y_{t}、Y_{c} 分别为材料横向拉伸强度、横向压缩强度、纵向拉伸强度、纵向压缩强度。这一失效判据可以进行复合材料单向板复杂应力状态下的强度预测，考虑了拉伸、压缩、剪切破坏强度之间的关系，但无法预测层合板具体发生哪种破坏模式。

（2）多种模式失效判定

这类失效判据考虑了纤维压缩、纤维拉伸、基体压缩、基体开裂等多种失效模式，具有代表性的是 Hashin 失效准则判据[55]：

① 纤维压缩损伤：$\dfrac{\sigma_{11}}{X_{\mathrm{c}}}\geqslant 1$；

② 纤维拉伸损伤：$\left(\frac{\sigma_{11}}{X_T}\right)+\frac{\sigma_{12}^2+\sigma_{13}^2}{S_{12}^2}\geqslant 1$；

③ 基体压缩损伤：

$\frac{1}{Y_C}\left[\left(\frac{Y_c}{2S_{23}}\right)^2-1\right](\sigma_{22}+\sigma_{33})+\frac{(\sigma_{22}+\sigma_{33})^2}{4S_{23}^2}+\frac{\sigma_{23}^2-\sigma_{22}\sigma_{33}}{S_{23}^2}+\frac{\sigma_{12}^2+\sigma_{13}^2}{S_{12}^2}\geqslant 1$，且 $\sigma_{22}+\sigma_{33}<0$；

④ 基体拉伸损伤：$\left(\frac{\sigma_{22}+\sigma_{33}}{Y_T}\right)^2+\frac{\sigma_{23}^2-\sigma_{22}\sigma_{33}}{S_{23}^2}+\frac{\sigma_{12}^2+\sigma_{13}^2}{S_{12}^2}\geqslant 1$，且 $\sigma_{22}+\sigma_{33}>0$；

因此，可通过 Hashin 失效准则判定复合材料层合板多模式损伤状况。

参考文献

[1] RAO Y J. In fiber Bragg grating sensors[J]. Meas. Sci. Technol., 1997,8:355-375.

[2] PUTNAM M A, Williams G M, Friebele E J. Fabrication of tapered, strain-gradient chirped fiber Bragg gratings[J]. Electronics Letters, 1995, 31:309.

[3] UDD E. Fiber optic Bragg grating sensors[J]. Proc. SPIE, 1990, 1169 (96):98-107.

[4] KERSEY A D, Berkoff T A, Morey W W. Fiber-optic Bragg grating strain sensor with drift-compensated high-resolution interferometric wavelength-shift detection[J]. Optics Letters, 1993, 18(18):72-4.

[5] MELLE S M, LIU K, MEASURES R M. A passive wavelength demodulation system for guided-wave Bragg grating sensors[J]. IEEE Photonics Technology Letters, 1992, 4(5):516-518.

[6] XU M G, ARCHAMBAULT J L, REEKIE L, et al. Discrimination between strain and temperature effects using dual-wavelength fibre grating sensors [J]. Electronics Letters, 1994, 30(13):1085-1087.

[7] PATRICK H J, WILLIAMS A D, KERSEY G M, et al. Hybrid fiber Bragg grating/long period fiber grating sensor for strain/temperature discrimination[J]. IEEE Photonics Technology Letters, 1996, 8(9):1223-1225.

[8] ZHANG S, SANG B L, FANG X, et al. In-fiber grating sensors[J]. Optics & Lasers in Engineering, 1999, 32(5):405-418.

[9] HILL K O, FUJII Y, JOHNSON D C, et al. Phosensitivity in optical fi-

ber waveguides: Application to reflection[J]. Applied Physics Letter, 1978, 32: 647-649.

[10] KAWASAKI B S, HILL K O, JOHNSON D C, et al. Narrow-band Bragg reflectors in optical fibers[J]. Optics Letters, 1978(3): 66-68.

[11] MELTZ G, MOREY W W, GLENN W H. Formation of Bragg grating in optical fibers by a transverse holographic method [J]. Optics Letters, 1989, 14: 823-825.

[12] DOCKNEY M L, JAMES S W, TATAM R P. Fiber Bragg grating fabricated using a wavelength tunable source and a phase-mask based interferometer[J]. Measurement Science and Technology, 1996, 7: 445.

[13] HILL K O, MALO B, BILODEAU F, et al. Bragg gratings fabricated in monomode photosensitive optical fiber by UV exposure through a phase mask [J]. Applied Physics Letters, 1993, 62(10): 1035-1037.

[14] ANDERSON D Z, MIZRAHI V, ERDOGAN T, et al. Production of in-fiber gratings using a diffractive optical element[J]. Electronics Letters, 1993, 29(6): 566-568.

[15] MALO B, HILL K O, BILODEAU F, et al. Point-by-point fabrication of micro-Bragg gratings in photosensitive fiber using single excimer pulse refractive index modification techniques [J]. Electronics Letters, 1993, 29: 1668-1669.

[16] KITAYAMA K, KURI T, ONOHARA K, et al. Dispersion effects of FBG filter and optical SSB filtering in DWDM millimeter-wave fiber-radio systems [J]. Journal of Lightwave Technology, 2002, 20(8): 1397.

[17] WANG Q, FARRELL G. Multimode-fiber-based edge filter for optical wavelength measurement application and its design[J]. Microwave and Optical Technology Letters, 2006, 48(5): 900-902.

[18] LIU B , TONG Z C. Novel method of edge filter linear demodulation using longperiod grating in fiber sensor system[J]. ACTA Optical Sinica, 2004, 2: 012.

[19] MIAO Y, LIU B, ZHANG W, et al. Dynamic temperature compensating interrogation technique for strain sensors with tilted fiber Bragg gratings [J]. IEEE Photonics Technology Letters, 2008, 20(16): 1393-1395.

[20] LI D S,SUI Q M,CAO Y. Linearity optimization of edge filter demodulators in FBGs[J]. Optoelectronics Letters,2008,4(3):193-195.

[21] TAKEDA S, OKABE Y, TAKEDA N. Detection of delamination in composite laminates using small-diameter FBG sensors[C]. SPIE's 9th Annual International Symposium on Smart Structures and Materials. International Society for Optics and Photonics,2002:138-148.

[22] LOBO Ribeiro A B,FERREIRA L A,SANTOS J L,et al. Analysis of the reflective-matched fiber Bragg grating sensing interrogation scheme[J]. Applied Optics,1997,36(4):934-939.

[23] DAVIS M A, KERSEY A D. Matched-filter interrogation technique for fibre Bragg grating arrays[J]. Electronics Letters,1995,31(10):822-823.

[24] ZHAN Y, XUE S, YANG Q. Multiplexed reflective-matched optical fiber grating interrogation technique[J]. Chinese Optics Letters, 2007, 5(3): 135-137.

[25] FERREIRA L A, SANTOS J L, FARAHI F. Pseudoheterodyne demodulation technique for fiber Bragg grating sensors using two matched gratings [J]. IEEE Photonics Technology Letters,1997,9(4):487-489.

[26] GAO H W,YUAN S Z,BO L,et al. InGaAs spectrometer and F-P filter combined FBG sensing multiplexing technique[J]. Journal of Lightwave Technology,2008,26(14):2282-2285.

[27] LI G Y,LIU B,GUO T,et al. Interrogation for fiber grating sensors based on the linear InGaAs photodiode array[J]. ACTA Photonica Sinica,2007,36 (9):1591.

[28] LI G,GUO T,ZHANG H,et al. Fiber grating sensing interrogation based on an InGaAs photodiode linear array [J]. Applied Optics,2007,46(3):283-286.

[29] JUN T,LEI M,PING D. Fiber grating sensor demodulation technique using a linear array of photodetectors[C] . Photonics and Optoelectronics Meetings. International Society for Optics and Photonics,2008:72780N-72780N-5.

[30] FENG Z,ZHANG L,JIANG Q,et al. Research on the data acquisition for the FBG sensing system based on InGaAs detector[J]. Journal of Optoelec-

tronics Laser,2011,9:012.

[31] LU P,MEN L,SOOLEY K,et al. Tapered fiber Mach - Zehnder interferometer for simultaneous measurement of refractive index and temperature [J]. Applied Physics Letters,2009,94(13):110-131.

[32] LIAO C R,WANG Y,WANG D N,et al. Fiber in-line Mach - Zehnder interferometer embedded in FBG for simultaneous refractive index and temperature measurement[J]. Photonics Technology Letters, IEEE, 2010, 22(22): 1686-1688.

[33] TODD M D,JOHNSON G A,ALTHOUSE B L. A novel Bragg grating sensor interrogation system utilizing a scanning filter,a Mach-Zehnder interferometer and a 3×3 coupler[J]. Measurement Science and Technology,2001,12 (7):771.

[34] TIAN Z,YAM S S H,BARNES J,et al. Refractive index sensing with Mach-Zehnder interferometer based on concatenating two single-mode fiber tapers [J]. Photonics Technology Letters,IEEE,2008,20(8):626-628.

[35] ALLSOP T,REEVES R,WEBB D J,et al. A high sensitivity refractometer based upon a long period grating Mach - Zehnder interferometer [J]. Review of scientific instruments,2002,73(4):1702-1705.

[36] CHEN Y K,CHANG C H,YANG Y L,et al. Mach - Zehnder fiber-grating-based fixed and reconfigurable multichannel optical add-drop multiplexers for DWDM networks[J]. Optics Communications,1999,169(1):245-262.

[37] CHEN W G,LOU S Q,FENG S C,et al. Switchable multi-wavelength fiber ring laser based on a compact in-fiber Mach-Zehnder interferometer with photonic crystal fiber[J]. Laser Physics,2009,19(11):2115-2119.

[38] DAVIS M A,BELLEMORE D G,PUTNAM M A,et al. Interrogation of 60 fibre Bragg grating sensors with microstrain resolution capability[J]. Electronics Letters,1996,32(15):1393-1394.

[39] KERSEY A D, BERKOFF T A, MOREY W W. Multiplexed fiber Bragg grating strain-sensor system with a fiber Fabry-Perot wavelength filter[J]. Optics Letters,1993,18(16):1370-1372.

[40] JIN Z,SONG M. Fiber grating sensor array interrogation with time-

delayed sampling of a wavelength-scanned fiber laser[J]. Photonics Technology Letters, IEEE, 2004, 16(8): 1924-1926.

[41] YANG X, ZHAO C L, PENG Q, et al. FBG sensor interrogation with high temperature insensitivity by using a HiBi-PCF Sagnac loop filter[J]. Optics Communications, 2005, 250(1): 63-68.

[42] WU X D, SCHMIDT-Hattenberger C, KRÜGER K, et al. Temperature-controlled fiber Bragg grating dynamic strain detection system[J]. Sensors and Actuators A: Physical, 2005, 119(1): 68-74.

[43] LEE H J, YOO S J B, TSU i V K, et al. A simple all-optical label detection and swapping technique incorporating a fiber Bragg grating filter[J]. Photonics Technology Letters, IEEE, 2001, 13(6): 635-637.

[44] JIN Z, SONG M. Fiber grating sensor array interrogation with time-delayed sampling of a wavelength-scanned fiber laser[J]. Photonics Technology Letters, IEEE, 2004, 16(8): 1924-1926.

[45] NAKAZAKI Y, YAMASHITA S. Fast and wide tuning range wavelength-swept fiber laser based on dispersion tuning and its application to dynamic FBG sensing[J]. Optics Express, 2009, 17(10): 8310-8318.

[46] JUNG E J, KIM C S, JEONG M Y, et al. Characterization of FBG sensor interrogation based on a FDML wavelength swept laser[J]. Optics Express, 2008, 16(21): 16552-16560.

[47] YU Y, LUI L, TAM H, et al. Fiber-laser-based wavelength-division multiplexed fiber Bragg grating sensor system[J]. IEEE Photonics Technology Letters, 2001, 13(7): 702-704.

[48] CHAN C C, JIN W, HO H L, et al. Performance analysis of a time-division-multiplexed fiber Bragg grating sensor array by use of a tunable laser source[J]. Selected Topics in Quantum Electronics, IEEE Journal of Selected Topics in Quantum Electronics, 2000, 6(5): 741-749.

[49] SHI C Z, CHAN C C, JIN W, et al. Improving the performance of a FBG sensor network using agenetic algorithm[J]. Sensors and Actuators A: Physical, 2003, 107(1): 57-61.

[50] 沈观林，胡更开. 复合材料力学[M]. 北京：清华大学出版社，2006.

[51] KRISHNARAJ V, PRABUKARTHI A, RAMANATHAN A, et al. Optimization of machining parameters at high speed drilling of carbon fiber reinforced plastic (CFRP) laminates[J]. Composites Part B: Engineering, 2012, 43(4): 1791-1799.

[52] TODOROKIi A. Monitoring of electric conductance and delamination of CFRP using multiple electric potential measurements[J]. Advanced Composite Materials, 2014, 23(2): 179-193.

[53] TRIAS D, GARCIA R, COSTA J, et al. Quality control of CFRP by means of digital image processing and statistical point pattern analysis[J]. Composites science and technology, 2007, 67(11): 2438-2446.

[54] R. M. Jones,朱颐玲. 复合材料力学[M]. 上海:上海科学技术出版社, 1981,43-51

[55] HASHIN Z. Failure Criteria for Unidirectional Fiber Composites[J]. Journal of Applied Mechanics,1998,47:329-334.

3 航空航天领域 FBG 传感技术研究现状

航天器中传统使用最为广泛的传感器是电阻应变片，发明于 1938 年，至今已有 70 余年的发展历史。电阻应变片测量精度高，粘贴工艺成熟，目前已广泛应用于许多领域。然而，每个电阻应变片传感器均有两根引线，如果多点分布进行分布式测量，必将产生巨大的引线数量，给测试工作带来极大的困难。并且，应变片的材料为金属铜，密度大，进行分布式健康监测时会增加额外的质量。同时，电阻应变片受电磁干扰严重，雷电、太空辐射等自然环境均会对测试结果造成影响。这些特征均不利于电阻应变片在航空航天领域的应用。特别是，应变片与引线尺寸较大，无法嵌入复合材料内部，无法实现在体在线监测。

光纤传感器具有体积小、质量轻、耐腐蚀、抗电磁干扰、远距离实时在线传感等优点，相对于传统的电阻应变片具有显著优势[1]。光纤密度为 $2.32\mathrm{g/cm^3}$，是金属铜的四分之一。常用光纤的直径为 $125\mu\mathrm{m}$，与头发丝相当，可以置入碳纳米复合材料内部实现在体监测。从尺寸小和质量轻的优点来讲，几乎没有其他传感器可以与之比拟，因此越来越受到青睐。特别是，光纤及光纤光栅具有纤细的结构，可以埋入复合材料内部进行在体在线监测。同时，光纤光栅传感器也可粘贴于复合材料表面如机身、机翼蒙皮处，实时监测飞行器的温度、应变、振动、裂缝延展情况等，为健康状态的判别提供重要依据。利用光纤传感器进行飞行器结构健康监测，可以大大减小飞行器质量、缩短检查时间、降低维护成本、提高飞行安全性和可靠性。基于光纤传感的飞机结构健康监测技术研究与应用逐渐成为当前国内外航空航天领域的热点课题。相关研究从 20 世纪 70 年代初开始。从 20 世纪 70 年代末到 80 年代中期，主要进行的是光纤与复合材料结构的基础探索，进行了 FBG 传感器与复合材料之间相容性、掩埋结构和掩埋特性的研究。1988 年国际光学工程学会(SPIE) 召开了首届纤维光学复合材料结构的国际学术会议。从 20 世纪 80 年代后期开始进入广泛基础研究和实验阶段。目前该项技术研究仍以美国为主，英国、法国、加拿大等国也纷纷投入研究。在军用的同时，该项研究也扩展到医疗、体育、建筑、地震预报等领域。目前美国、欧洲、亚洲日韩等国家和地区对该领域的研究已经取得了丰硕成果，我国高校和科研院所也开展了广泛的研究。本章将分别进行介绍。

值得注意的是，航空航天飞行器经常要在极端环境如高空、低温下飞行。例如，飞机在日常训练和战斗飞行时，经常遇到－55℃以下温度的过冷气流，这对FBG等传感器的低温特性提出了挑战。美国宇航局(NASA)研究发现，在极端的低温条件下，光纤光栅的物理性质和光学性质会发生变化，其热光系数和弹光系数也会发生改变，导致FBG的反射谱出现多峰，常规的FBG温度与应变测量原理均失效，常温下的传感机理也不再适用于低温传感。因此，学者们还对FBG的低温传感特性展开了研究。本章对这方面的代表性工作也将加以介绍。

3.1　常温下航空航天领域FBG传感技术研究

3.1.1　美国的FBG传感技术研究

美国在航空航天领域内光纤(光栅)传感技术的研究上一直处于世界领先地位，其国家航空航天局(National Aeronautics and Space Administration，NASA)是全世界最权威的研究机构之一。NASA从1993年开始对光纤光栅在航空航天领域的应用展开了研究，包括嵌入式技术、高低温技术、封装技术、解调和复用技术等，并开展了损伤定位识别研究，进行了实地飞行实验。NASA早期在X-33原型机上安装了FBG温度和多向应变测量系统，对航天飞机进行实时健康监测，并将该监测系统用于F/A-18战斗机进行飞行实验[2]。实验时在机身上共布置了8根光纤20个光纤光栅，使用NASA Langley研究中心发明的解调系统进行波长解调，历时46h经历了53次飞行后，传感器运行状态仍然良好。随后NASA围绕光纤传感技术开展了全方位的研究，研究对象涵盖各种类型的航天器及结构，取得了丰硕成果。

2015年，NASA阿姆斯特朗飞行研究中心的Chan-Gi Pak[3]研究了基于应变测量感知机翼形状变化的方法(图3-1)。提出了基于离散点的应变测量预测整个结构的挠度和坡度的两步方法。第一步是测量应变，利用分段最小二乘法以及三次样条插值技术对数据进行拟合，获得光纤沿线的挠度数据。第二步，将第一步计算出的光纤挠度与机翼结构的有限元模型结合，通过插值和演绎法获得整个机翼的挠度和坡度。采用一个计算机模拟的悬挂式矩形机翼板模型对该理论进行验证，随后在一个悬臂机翼实物上进行测试。将计算结果与有限元分析的结果进行比较，并与电阻应变片和摄影测量的数据进行对比。结果表明，对于空气载荷机翼的计算模型，其收尾端部、横向和垂直方向的最大偏转误差分别为 −3.2%、0.28%、0.09%，在横摇和纵摇方向上的最大坡度误差分别为 0.28% 和 −3.2%。对于测试模型，其端部的挠度与摄影测量的数据相差小于 3.8%，大部分情况下均低于 2.2%。总体上讲，计算值与实际值符合度较高。该理论的改进结果扩展并应用到对整个飞机挠度和健康的实时监测、研究飞机的负载上，以实现对飞机飞行的灵活控制，减小飞行阻力。

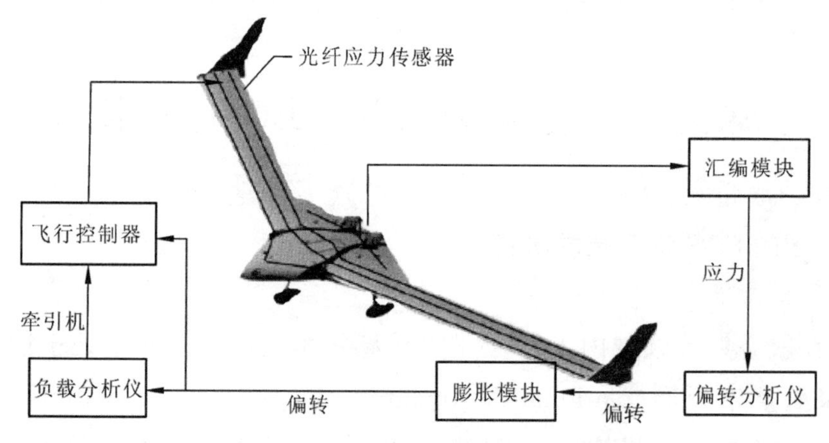

图 3-1　应变测量感知机翼形状变化系统

NASA 在 2015 年发表的专利中报道了多芯光纤或光纤束构建待测物结构参数的方法。三束平行的光纤沿轴向等间距排列置入待测结构，每两根光纤之间间隔 120°。在每根光纤上等间距地写入 FBG 传感器，利用频域反射对 FBG 信号进行解调获得待测点的应力分布。位于同一截面上的三个 FBG 列为一个三元组。基于每个 FBG 三元组的应力数据，可以得到分布点的三维应力分布，进一步获得该点的曲率和扭矩数据，通过求解 Frenet-Serrat 演化出的一套常微分方程组最终获得整根光纤在笛卡尔坐标中的形状、位置参数，从而获得待测物的整体结构参数(图 3-2)[4]。类似地，NASA Langley 研究中心的 Jason P Moore 等人提出一种计算多芯光纤电缆形状的方法[5]，即数值求解一组描述光纤沿线各点三维坐标的 Frenet-Serrat 方程。Frenet-Serrat 公式的曲率和弯曲量由分布式 FBG 应变测量确定,其优势在于获得光纤三维坐标的连续解,而不是诸多离散点的系列集。该方法的误差低于光纤长度的 7.2%,偏差的主要来源可能是光纤缠绕受力引起光纤扭转。

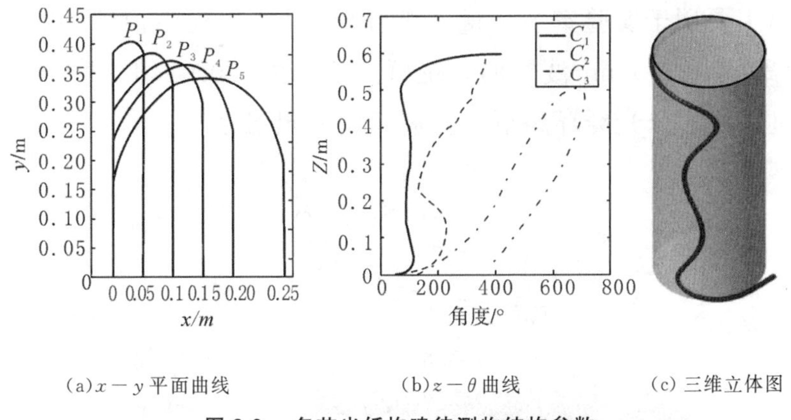

(a)$x-y$ 平面曲线　(b)$z-\theta$ 曲线　(c) 三维立体图

图 3-2　多芯光纤构建待测物结构参数

同年,NASA 阿姆斯特朗飞行研究中心的 Julie Holland 等人发展了基于 FBG 与高速算法的实时形状 3D 绘制系统。该系统在一根光纤上等间距地写入光纤光栅串,缠绕在待测物上(图 3-3)。利用 FBG 实时测量机翼的表面应力,得到 FBG 所在位置处的应力与位移量,进而获得待测物的挠度和扭转角数据。该系统扫描速率为 100 次 /s。通过求解 Frenet-Serrat 系列微分方程组,确定各个 FBG 在笛卡尔坐标系中的精确位置,进一步推导即可得待测物的实时形状信息[6]。该系统的自适应算法可以区分待测物的高应力与低应力区域。

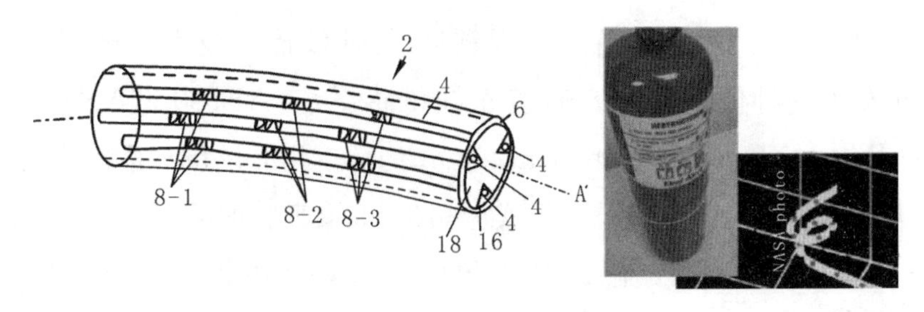

图 3-3　光纤光栅串三维结构

光纤处于与其轴向平行的外磁场中时,光纤中传输的光偏振态会发生旋转,称为光纤法拉第效应。基于该效应,如果采用一个闭合光纤回路,利用安培定律,通过测量回路中总的光旋转角度即可得到回路中的电流。2014 年,NASA Langley 研究中心的 Truong X Nguyen 和 NASA 肯尼迪航天中心的 Gary P Snyder 等人合作开展了光纤闪电电流传感器的研究,用于对飞机、高塔等复合结构的闪电电流测量[7]。实验采用宽带光源和双解调器，分别采用波长为 1310nm 和 1550nm 的光源，测试了 300kA、100kA 和 200kA 的电流(图 3-4)，测量了直流电与交流电，动态范围达 60dB。其中 1310nm 波长的激光器可以测量 300A ～ 300kA 的电流，传感光纤达 15m 长，主要用于实验室内测量飞机机身 / 发光塔模拟铝试件上的电流，可测最大电流为 200kA。1550nm 波长的系统可测范围为 400A ～ 400kA，传感光纤长度为 25m。通过采用多个光纤环路可以提高系统的灵敏度。

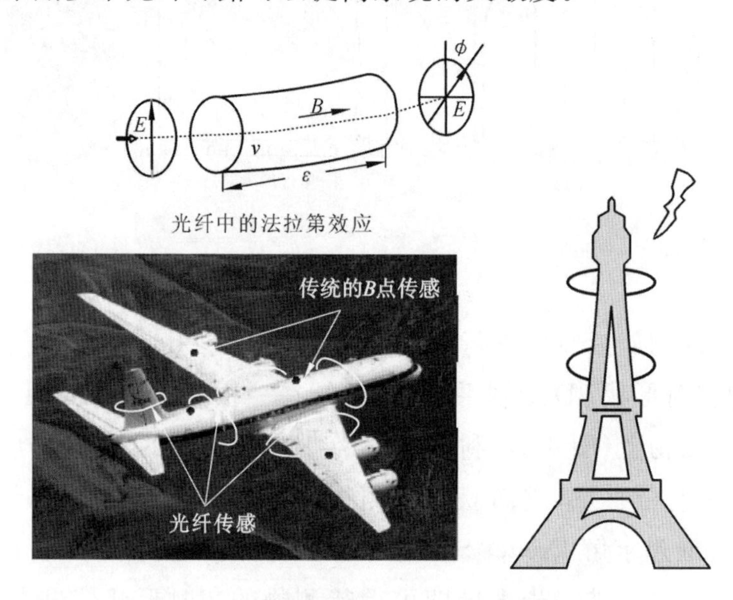

图 3-4 光纤中的法拉第效应及其传感应用

美国其他机构和大学针对航空航天领域的 FBG 传感技术也开展了广泛研究。Luna 科技开发了一种便携式的 8 通道光纤传感系统(AEROSCAN)[8]，与 Boeing 公司研发的 Battery Operated Health Monitoring (BOHMS) 系统联用，在 Delta 767-300ER 喷气式飞机上进行了飞行实验(图 3-5)。实验时将长周期光纤光栅湿度传感器和法布里珀罗(EFPI) 温度、压力传感器布置在飞机的侧壁、纵梁表皮和纵梁内部，分别测量湿度、温度与压力数据。在 EFPI 传感器中，探头包括一个一侧有薄膜的小试件。单模光纤插入小试件中，光纤末端正对薄膜，两者之间所留的空隙形成法布里珀罗腔。薄膜在受压作用下发生形变，导致 F-P 腔长度发生改变，因此可以实现压力传感。整个探头的大小仅为 3mm×3mm，厚 500μm。该系统还可连接 FBG 传感器。美国诺斯罗普 - 格鲁门公司利用压电传感器及光纤传感器，监测具有隔段的 F-18 机翼结构的损伤及应变。洛克希德 · 马丁公司将光纤传感网络应用于 X-33 航天飞机结构件的应力和温度的准分布监测[9]。

(a) 实验装置图

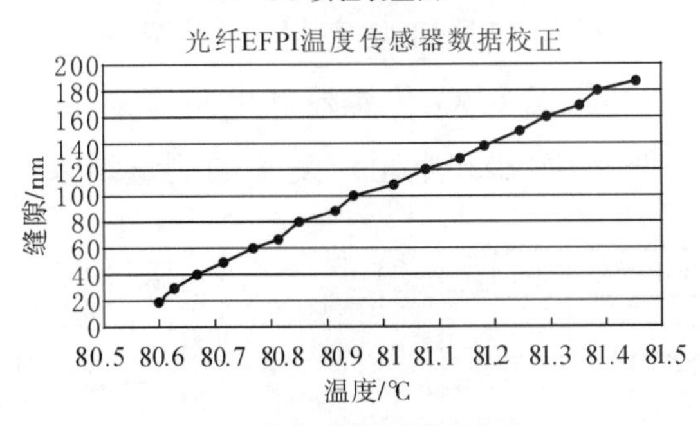

(b) 温度传感器测得数据曲线

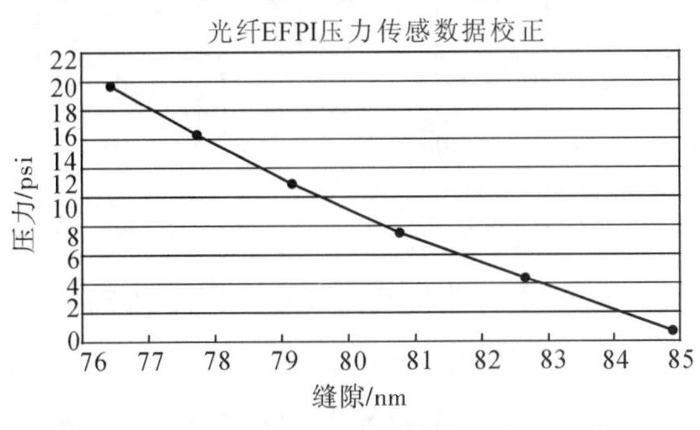

(c) 压力传感器测得数据曲线

图 3-5　AEROSCAN 8 通道光纤传感系统及其测试结果

3.1.2　欧洲的 FBG 传感技术研究

欧洲 Airbus 公司是业界领先的飞机制造商。该公司所属的德国 Daimler Chrysler 研发中心的 Daniel Betz 等人应用 FBG 传感器监测了 A340-600 客机上的温度、应力的变化情况，对此款客机机身进行了成功的载荷标定。在综合考虑飞机机身负载与温度两个因素的基础上，选取待测点，将 FBG 温度传感器与电阻应变片成对平行布置在飞机机身纵梁与壳板上的待测点处(图 3-6)，在每对传感器之间还置入一个应力传感器。为确保机身延展情况能顺利传递到 FBG 以确保传感器正常工作，设计了一种特殊的FBG安装支架，FBG插入该支架中，然后粘贴在机身表面。一共安装了8个应力传感器和6个温度传感器。加载 - 卸载试验分为9步完成，每一步均保持一段时间，达到稳定后记录数据。加载应力，产生的应变范围为0～40με。FBG与电阻应变片的测量结果一致，证实了FBG测量的有效性[10]。

Daniel Betz等人还把FBG温度和应变传感器安装在A340-600客机的机身上对结构的载荷进行标定[10]。为了解决FBG传感器对温度和应变的交叉敏感问题，对FBG传感器进行了特殊的封装，把FBG传感器放在40mm长的石英管内用胶固定，外面套上金属管，金属管端口用硅胶密封。封装后FBG温度传感器的应力灵敏度是封装前的2%～3%。把FBG传感器和电阻应变片并列粘贴在机身选定的位置。实验结果显示，FBG传感器和电阻应变片的测量结果一致。

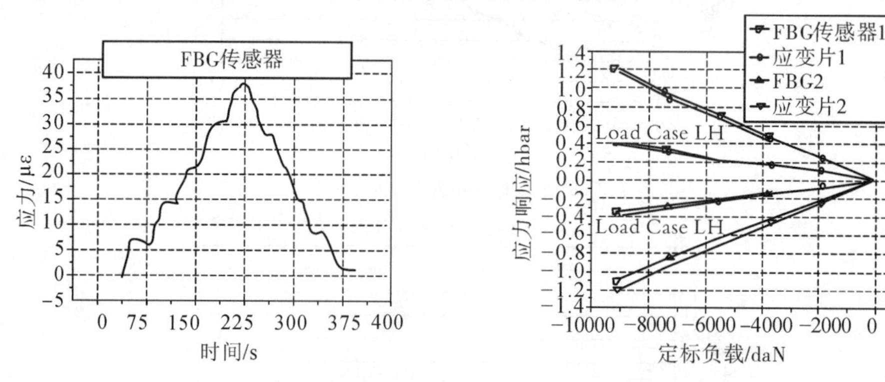

图3-6 FBG传感器监测到的A340-600客机上的温度、应力情况

利用FBG多参数测量还可以监测整个航空航天结构的温度应力，从而绘制出二维应力温度分布图。德国Wolfgang Ecke等[11]研制出了一套基于12个FBG传感器的空间分布式传感网络系统，用于X-38宇宙飞船船体结构的健康监测。在宇宙飞船发射、沿轨道飞行和返回的过程中进行了19次温度和循环实验。温度测量范围为－40～190℃，应变范围为－1000～3000 με，分辨率为5 με。为了确保达到最优的光纤传感器和光电信号处理系统来保证传感器系统性能的可靠性，研究了光纤涂敷技术、光缆结构，设计制作了特殊的光纤传感垫，其中光纤传感垫中包括温度传感器和机械性能稳定的应变传感器。12个FBG传感器被安置在4个光纤传感垫上，每个传感垫包括1个温度传感器和2个沿垂直方向分布的应变传感器(图3-7)。这些FBG传感器被粘贴在X-38宇宙飞船船体背部元件的表面，用来监测宇宙飞船在发射和返航过程中的力学载荷和热载荷。通过对高载荷结构部件的空间分布式温度和应变测量，可以估算出宇宙飞船结构主要部件的剩余寿命，实现对宇宙飞船的健康监测。

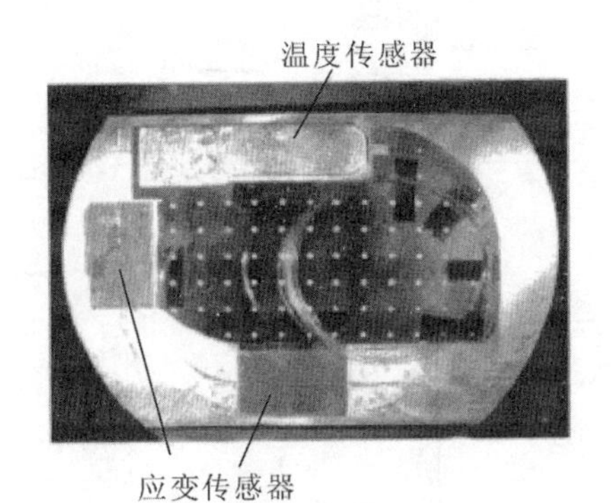

图 3-7 光纤传感垫

2010 年德国航空中心 Konrath 等[12] 用光纤传感技术对微型飞行器在风洞低雷诺数、下滑过程中的物理参量进行了集成测试。该研究表明，通过光纤传感测量技术可以同时获得飞行器动力学负荷、模型瞬态位置、机翼变形、流场分布等参数。实验设计了一个三维微型飞行器模拟动力实验的实验台并投入运行，基于模型测量数据比较了刚性和柔性 MAV 机翼之间的区别。德国 Panopoulou 等人基于 FBG 监测了航天器盘形天线板的振动过程，对振动引起的损伤进行了识别(图 3-8)[13]。

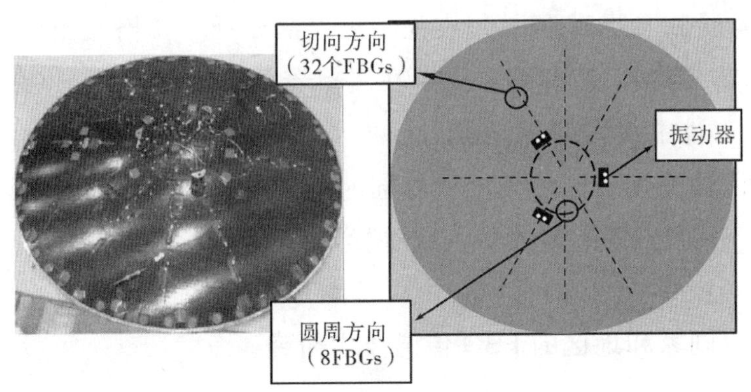

图 3-8 FBG 监测航天器盘形天线板的振动过程

法国 Lee 等将 2 个 FBG 传感器植入 Boeing 飞机的机翼模型进行了实时风洞实验。该模型大小为 Boeing 商用客机的 1/25，模型横截面为 Boeing 737C 翼型。同时实验中还安装了压电陶瓷(Piezoelectric Ceramic Transducer，PZT) 传感器和电阻应变片以进行比较。实验结果显示，FBG 传感器与电阻应变片的测试结果一致，表明 FBG 传感器可以监测由空气动力引起的机翼振动。之后，利用 FBG 传感器对一架 Boeing 客机从伦敦到纽约的 413min 的飞行过程进行了监测(图 3-9)。可以看出，FBG 传感器成功地监测到了飞行环境中机翼的振动，表明 FBG 传感器可以对飞机的飞行过程进行动态应变监测[14]。

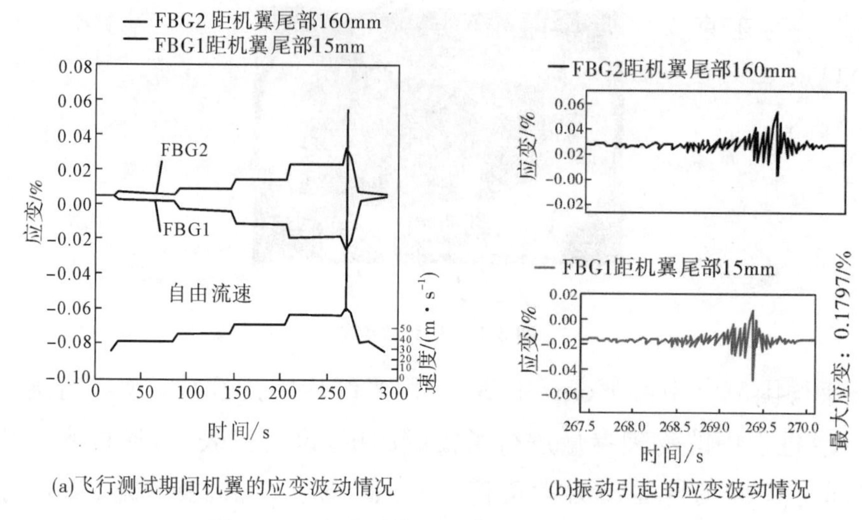

(a)飞行测试期间机翼的应变波动情况　(b)振动引起的应变波动情况

图 3-9　飞行实验中 FBG 传感器的监测结果

英国南安普敦大学光电研究中心提出了用双波长光纤布拉格光栅同时测量温度和应变的方法。EADS (European Aeronautic Defense and Space) Airbus 实验中心将光纤布拉格光栅应变传感器安装在 A340-600 机翼表面，进行了现场实验(包括地面实验和飞行实验)[15]。实验结果表明光纤布拉格光栅传感器与电阻应变测量的结果非常吻合。智能表层除了在飞行器的机翼中使用，也在舰艇的蒙皮、推进器叶片等部件中使用。以色列 Kressel 等[16] 在无人机尾部桁架上安装了 16 个 FBG 传感器，以监测无人机在飞行和着陆时的应变情况，实现了无人机飞行过程中异常行为的识别与追踪，并评估了这些异常行为对无人机结构完整性的影响。

3.1.3　日韩等国家和地区的 FBG 传感技术研究

从 2003 年以来，日本对典型航空航天运载结构的应力应变监测就主要集中在采用光纤传感技术针对航空航天结构部件的监测上。最具代表性的研究机构有日本东京大学、日本宇宙航空研究开发机构(JAXA) 以及富士重工、川崎株式会社、三菱重工旗下的名古屋航空航天系统制作所等。几家机构之间紧密合作，日本东京大学侧重于先进光纤传感技术的研发；JAXA 侧重于待测结构的设计与整体监测实验的计划安排；富士重工、川崎株式会社和名古屋航空航天系统制作所则侧重于生产与实验配合。在开展光纤光栅应用研究的同时，结合光纤传感技术的发展，从研发新型光纤传感器、新型光纤传感解调技术以及从整体结构部件上的一些监测方案等入手，取得了很好的监测效果。

三菱重工与东京大学合作主导了 BOTDR 和 BOCDA 光纤监测系统的研究[17]。BOTDR 监测系统在完成整体监测的空间分辨率为 1m，系统完成监测的时间为 20～30min。而通过改进的 BOCDA 系统的空间分辨率为 50mm，而系统的实时采样率提升至 2.7Hz。如图 3-10、图 3-11 所示，通过 BOCDA 系统监测的应变分布与传统的电类应变计测得的数据吻合度极高。而从 2007 年至 2014 年间，日本东京大学和 JAXA 针对新型的 OFDR 光频域反射传感技术进行了深入的研究，并申请了多项专利。光纤光栅频域反射技术(OFDR) 将雷达探测中的连续波调制技术(FMCW)、光纤迈克尔逊干涉技术和光纤光栅传感技术相结合，并结合了 FMCW 良好的空间分辨率、迈克尔逊干涉的高探测灵敏度以及光纤光栅灵敏的传感特性等优点。

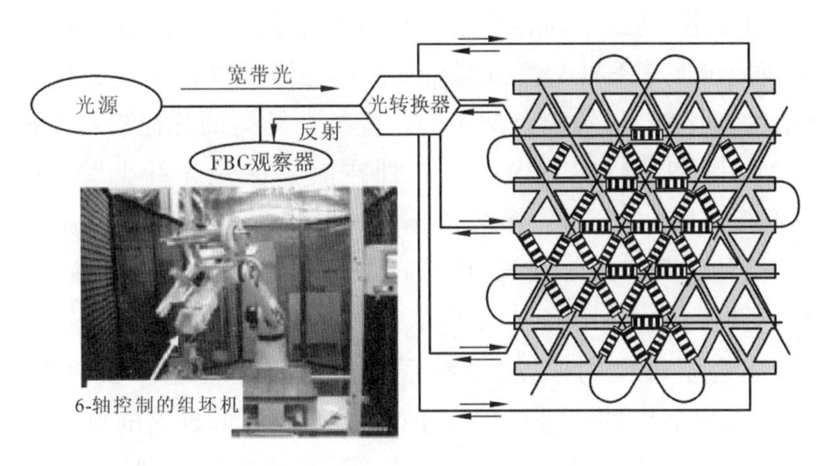

图 3-10 PZT/FBG 混合监测系统应用在复合材料机翼状态监测

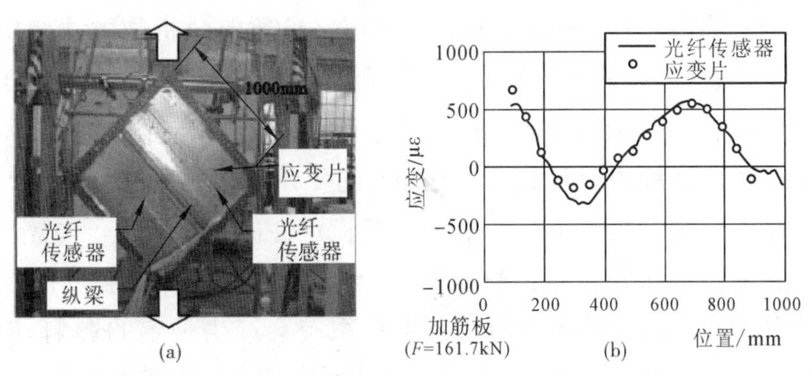

图 3-11 监测实物图和 BOCDA 监测系统对比传统电类传感器监测数据对比图

2006年，韩国Yang S-M等在[18]用形状记忆合金做驱动机构的某变形机翼根部埋入光纤FBG传感器，用于动态振动信号的测试。实验研究表明，翼型变化角度攻击时，该光纤传感系统能成功监测飞行器机翼翼体的动力学不稳定现象。

香港Ho Mei-po等[19]人研究了形状记忆合金(Shape Memory Alloy，SMA)增强的复合材料结构健康监测系统。SMA与FBG传感器均置入复合材料内部，以研究复合材料在SMA奥氏体和马氏体状态下的机械性能与自然频率。实验结果表明，自然频率的位移来源于温度变化，并导致SMA的机械性能发生变化。在加热SMA丝时，SMA受热发生弯曲，曲率发生变化，复合材料随之发生形变。当复合材料的温度高于SMA丝的奥氏体完成温度时，自然频率会逐步上升。然而，由于SMA丝的杨氏模量的变化，阻尼比随着温度的升高而增大直到达到环氧树脂的玻璃化转变温度。曲率的形成是由于复合材料内不同材料的不同的热膨胀系数，从而引起内部应力变形。通过不对称纹理分析得到了复合材料的应力、压力、曲率和阻尼系数。该研究证明了SMA丝和光纤光栅传感器可以置入复合材料内部，分别用作功能化结构和传感器。然而，SMA会改变复合结构的几何形状与内在应力。

2011年，Wada和Kasai T构思了一种在熊猫保偏光纤上写了一段长度为100mm的长光纤光栅，由于熊猫保偏光纤传输中的O光与E光有不同的折射率，所以该光纤光栅具备两个中心波长。他们将该特殊的光纤光栅粘贴在一试件上后进行了应变与温度测试，利用OFDR技术对该光栅的波长进行了分析，但是实验结果与实际值出现了较大的偏差，后续还提出需要进行进一步的实验[20]。而在2014年，他们在构思后续的信号处理方法时，提出引入群延迟的方式，将原先后续处理中所需要的较长时间缩短至之前的3.5%，并将新的处理手段应用到针对试件受到的不均匀应力的测量上，取得了良好的测试效果[21]。

2014年，JAXA的Nakamura T提出采用一种数值分析的方法解决光纤光栅应力与温度同时敏感的问题[22]。由于光纤光栅在同时受到波长与温度影响的时候，波长变化中两个分量的影响因素同时存在，文中采用有限元分析和逆热弹性分析的手段对两个分量的影响进行了分析。同年，该作者报道了采用光纤传感器对观测卫星的热应变以及微小振动下的系统稳定性的相关研究[23]。常规的通信观测卫星在火箭运送至外太空后在轨服役，在整个过程中，外界温度的巨大变化以及运行过程中的外界巨大的振动对观测卫星系统会产生一定的影响。如何更好地评估系统的稳定性是十分关键的。在综合考虑传感精度，传感系统的大小、质量以及卫星系统有限的空间、能源资源之后，光纤传感系统被选定用来完成监测。图3-12所示为通信观测卫星系统的地面测试图，分别为机械振动实验[图3-12(a)]

和热真空实验[图3-12(b)]。由于在卫星的局部结构件上使用了新型碳纤维增强型复合材料，文中探讨了在复合材料中如何方便快捷地预埋入光纤传感器，如图3-13所示，在一个蜂窝夹层型的复合材料板内部预埋了4条光纤光栅传感器。之后利用光纤光栅解调仪以及LUNA的OBR频域反射计对该试件在模拟空间环境下的热应变进行了测试。

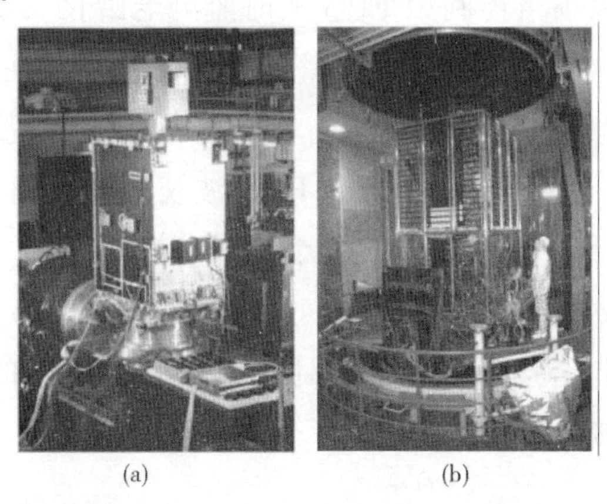

(a) (b)

图3-12 通信观测卫星系统地面测试图

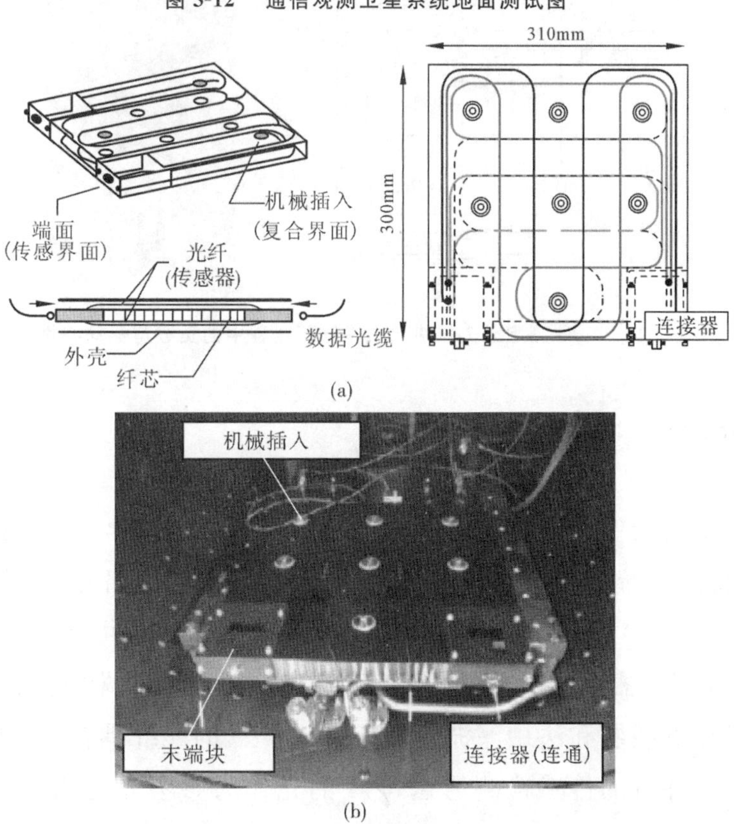

(a)

(b)

图3-13 光纤传感器埋入蜂窝夹层复合材料试件示意图与实物图

(a) 示意图；(b) 实物图

以色列 Kressel I 等人发展了一套军用飞机的健康和使用状况监测系统(HUMS),将 54 个 FBG 埋入机翼和尾梁中测定无人操纵飞机在飞行(特别是起飞和着陆)过程中的实际负载量与振动特性,以动态监测飞机的结构性能(图 3-14)。利用这套系统可以对正常飞行状态的飞机可能存在的隐患进行早期检测和诊断,确保安全性[24]。同时该小组还利用 FBG 实时监测老龄化飞机上的复合材料补丁,以帮助预测材料裂纹的发展趋势[25]。老龄化飞机的修复往往是通过引入智能材料补丁完成的,补丁与机体利用胶黏剂进行黏合。将 FBG 布置在补丁结构的关键位置处,构成一个小型传感网络。基于每个 FBG 波长的变化可以动态追踪补丁固化过程中的应力变化以及机械负载情况。实验结果表明,补丁外围是应力和应变集中的位置,预计会导致补丁或粘接故障。该系统可以实现补丁固化过程的实时监测,对固化的周期和升温速率进行优化,还可以对黏合补丁的飞行性能进行评估,并对其结构完整性实施长期监测。

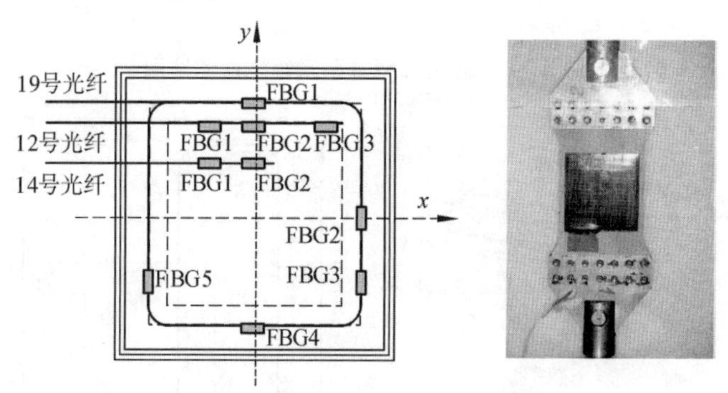

图 3-14 FBG 测定无人操纵飞机在飞行过程中的负载与振动特性

3.1.4 国内的 FBG 传感技术研究

为满足航空航天传感应用多点测量的实际需求,天津大学刘铁根等人对 FBG 的温度、应变传感系统多路复用技术展开了研究,研制了 8 路并行 FBG 温度、应变传感系统[26](图 3-15)。该系统基于可调谐法珀滤波技术,由可调谐光源模块、波长校正模块、FBG 传感器串接组成的传感模块和数据处理模块构成,如图 3-15 所示。光源发出的光经衰减器和法珀滤波器后送入 1∶99 的光纤耦合器,99% 的光作为信号光送入 8 路并行的传感检测通道,1% 的光作为参考光送入法珀标准具后经光电探测器收集,参与后续解调过程。信号光经 1×8 的光纤耦合器分光送入 8 路传感通道,经环形器和 FBG 传感器阵列后送入探测器,探测器接收到信号并通过采集卡送入计算机进行处理。研制的 8 通道 FBG 传感系统，其扫描帧频率为 10Hz，测量精度达到 3pm。在 −196 ～ 200℃ 的温度范围内，温度测量精度为 ±1℃；在 −90 ～ 100℃ 的温度范围内，温度测量精度为 ±0.5℃；在 −2500 ～ 2500με 的应变测量范围内，应变测量精度为 3με。

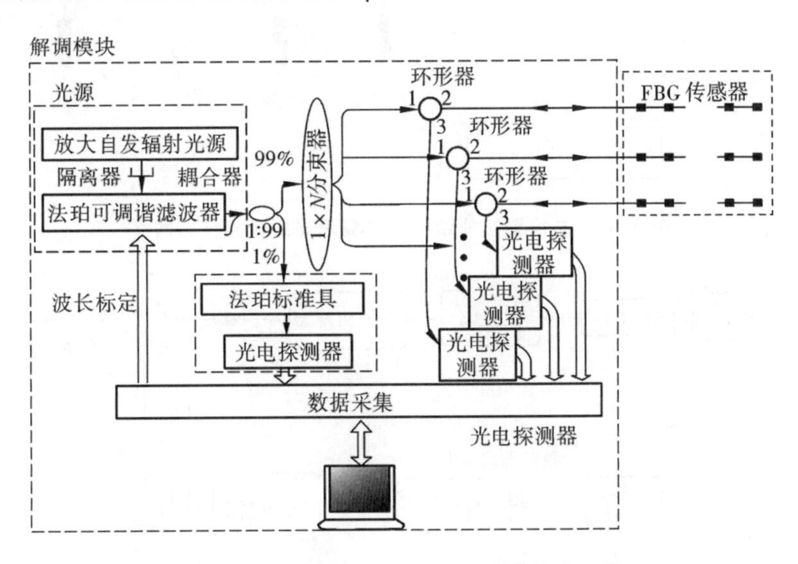

图 3-15　8 路并行 FBG 温度、应变传感系统

为提高光纤光栅传感器复用容量和传感器在实际应用中的生存能力，武汉理工大学朱方东等人[27] 提出了一种总线型拓扑结构波分复用光纤光栅传感网络（图 3-16）和系统（图 3-17），发明了一种全双工三端子上下载波分复用器，并将其应用于总线型拓扑结构波分复用光纤光栅传感网络当中，提高了传感器的实际工程生存能力和后期可维护性。全双工三端子上下载波分复用器具有光分路器的功能，但不会像光分路器一样带来明显的光谱强度损耗。利用 F-P 滤波器扫描技术与热稳定波长标准具相结合，大大提高了系统的波长解调精度和波长重复性。温度实验表明传感系统的波长分辨率小于 1pm。同时还研究了一种总线型拓扑结构的频域反射（OFDR）光纤光栅传感网络和系统。采用光频域反射技术，极大地提高了系统的传感器复用能力和空间分辨率。与传统的采用弱反射率光纤光栅前后串联组网相比，该系统采用强反射率光栅和光分路器实现总线型拓扑结构，在提高传感器生存能力的同时，克服了串接式光纤光栅传感网络当中存在的多重反射和光谱阴影对传感容量和测量精度的影响。该系统布置了 8 个全同的强反射率光纤光栅于总线型拓扑结构传感网络支路，成功实现了 FBG 传感器波长和位置解调，温度实验表明系统的波长重复性为 ±5pm。此外，提出了一种基于频域反射技术的光纤光栅非均匀应变测量系统，对结构损伤附近的非均匀应变进行了测量，测量

结果与理论仿真具有很高的吻合度，系统空间分辨率达到了 0.228mm。

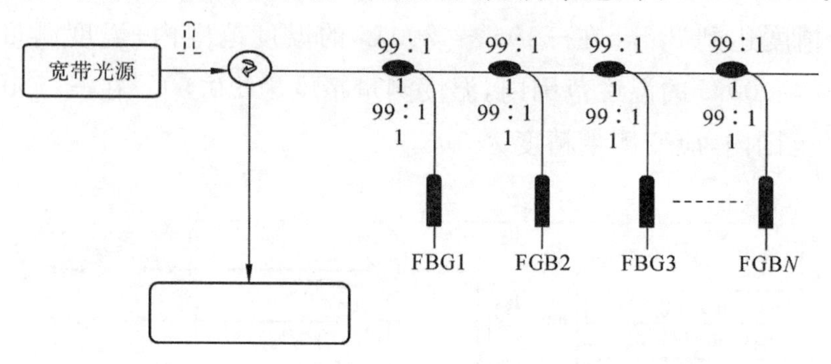

图 3-16　总线型拓扑结构波分复用光纤光栅传感网络

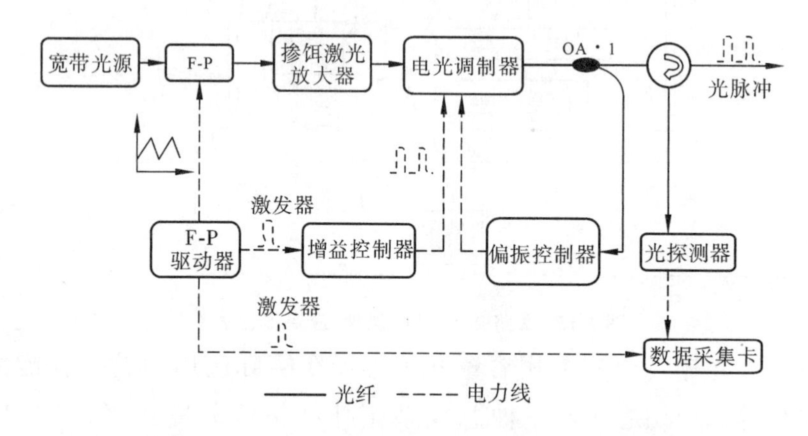

图 3-17　总线型拓扑结构波分复用光纤光栅传感系统

飞机在不同飞行姿态及飞行条件下，由于机翼翼体结构应力场、温度场分布和作用形式复杂多样，及时获取这些结构信息对于准确评估和分析结构健康状态非常重要。因此需要对机翼翼体结构在不同飞行姿态及飞行条件下的应变场分布及其变化规律进行研究，实现对翼体结构应变场分布信息的有效监测。南京航空航天大学徐海伟等[28] 围绕飞机机翼在多物理场耦合条件下的关键部位 FBG 应变场进行了监测及研究，分析了多物理场耦合条件下的可变翼体结构应变场数值模型以及基于 FBG 传感网络的关键部位应变监测；采用 COMSOL Multiphysics 多物理场耦合有限元分析软件对模型进行了应变场数值分析；通过构建分布式光纤布拉格光栅传感网络，实现了对结构关键部位应变分布及变化的有效监测，研究了基于覆盖率最大规则的光纤 FBG 传感器优化配置方法。提出基于覆盖率最优的传感器优化配置模型及配置准则。在此基础上，分别采用不同智能算法[包括粒子群算法(PSO)、遗传算法、多粒子群进化算法、拟物力导向粒子群算法] 对传感器优化配置效果进行仿真计算与评估。最后，根据典型航空结构形状和材料属性，开展了光纤 FBG 传感器优化配置验证研究。根据数值仿真结果，构建了分布式光纤 FBG 应变监测系统，分别选择基于铝合金平板结构的方形和圆形监测区域，进行了传感器优化配置验证实验研究。

3.2 恶劣环境下的 FBG 传感技术研究

航空航天飞行器经常需要在低温、高温及强电磁干扰的恶劣环境中运行，因而其极端工况下的结构健康监测就显得尤为重要。常规 FBG 在高温环境下会发生衰退现象，造成反射光强大幅度降低，极大地影响了传感器性能。而在低温环境下，FBG 又容易出现啁啾现象，这些问题都极大地制约了光纤光栅的应用。针对这些问题，研究 FBG 在高温及低温环境下的传感特性显得十分重要。目前国内外已经开展了一些光纤光栅高低温特性的研究工作。

3.2.1 低温环境下 FBG 传感技术研究

航空航天事业的发展对火箭运载能力的要求越来越高。液氢液氧推进剂是目前使用的液体推进剂中能量最高的一种，它们均是超低温液体。为了节省成本，希望运载火箭能被重复使用。为了在发射后重复使用运载火箭的燃料罐，需要对回收的燃料罐的结构完整性进行监测。同时，为了保证安全，需要对燃料罐在发射过程中的结构完整性进行监测。低温环境下 FBG 容易出现啁啾现象。因此低温环境下的光纤光栅传感技术应用研究主要涉及两个方面。其一是解决光纤光栅在低温下的传感特性问题；其二是寻找合适的低温胶黏剂以及能够适应低温环境的光纤光栅粘贴与封装技术，消除光栅啁啾。

2006 年，Tadahito Mizutani 等人进行了低温下复合材料液氢罐的实时应变测量研究。罐体的主要成分是碳纤维增强塑料，用铝丝缠绕固定在垂直起飞与降落的运载火箭上，该装置可重复使用。由于罐体内压力高，因此，需要确保罐体结构的完整性。该作者利用 FBG 实时测量了火箭运行过程中罐体的应力值。首先研究了低温下 FBG 的粘贴性质。实验结果表明，利用聚氨酯胶黏剂 UV 涂敷的 FBG 在低温下具有良好的性能。实验还研究了在体 FBG 解调系统及其性能。在此基础上进行了飞行实验。在液氢温度下，FBG 的波长变化量与应变呈现良好的线性关系，测量结果与使用电阻应变片测量的结果一致[29]。

2006年武汉理工大学郭明金[30]等人设计了一种基于不锈钢管的小尺寸光纤光栅(FBG)温度传感器。推导了裸FBG以及不锈钢管封装的FBG温度传感器的温度敏感因素并进行了实验验证。实验研究了－70～0℃之间的裸FBG和不锈钢管封装后FBG温度传感器中心波长的低温变化特性。比较了相同条件下裸FBG和不锈钢管封装的FBG温度传感器的实验结果。分析了－60℃和0℃时FBG温度传感器透射光谱图。同时对波长与温度的关系曲线进行了线性拟合，得到它们在线性变化区间的温度灵敏系数分别为10.1pm/℃和21.3pm/℃。同时该学者还比较了两种用于低温传感的光纤光栅封装形式[31]，分析了两种不同封装形式的FBG温度传感器的温度敏感因素并进行了实验验证。实验比较研究了两种FBG温度传感器在－70～0℃的中心波长低温变化特性。结果表明：细不锈钢管封装的FBG温度传感器的中心波长在－60℃时发生突变，急剧下降；而镀金FBG温度传感器的中心波长在－70～0℃随温度呈线性变化，重复性较好并且几乎没有迟滞现象。两种传感器在线性变化区间的温度灵敏系数 K_T 分别为28.2pm/℃和21.3pm/℃，分别是裸光纤布拉格光栅的3倍和2.3倍，其线性拟合度都超过0.999。

武汉理工大学付容等研究了光纤布拉格光栅低温下的温度传感特性[32]，针对实际低温工程中应变监测的需要，设计了满足低温工程中应变监测要求的基片式光纤布拉格光栅传感器。通过实验分析了封装工艺对光纤布拉格光栅传感器应变传递的影响；并通过低温实验研究了光纤布拉格光栅低温啁啾现象形成的机理。通过改进封装工艺和粘贴工艺消除了光纤布拉格光栅传感器的低温啁啾现象。通过液氮环境下金属试件的拉伸实验，研究了光纤布拉格光栅传感器的低温应变特性，并通过液氮环境下的疲劳实验，对强磁场中磁体在循环载荷作用下的实时应变进行了测量。在进行温度传感测量的实验时，需要温度下降或上升得比较缓慢，使FBG和温度计在所测温度点处有充分的响应时间，从而保证FBG和温度计测量的是该温度点处的稳态波长值和稳态温度值，但在低温环境下实现这一实验条件有点困难。有些文献利用液氮的自然挥发这一方法来实现温度的上升，但温度上升的速度不便于控制。作者设计了一个隔热装置来实现这一实验条件（图3-18）。该装置由两个圆柱形铝容器组成，容器1放置于容器2中。容器1的容积比容器2的小许多，两者之间的空间应尽量大，以便减缓容器1中温度下降或上升的速度。在容器1和容器2之间填充了棉花，以减慢容器和外界环境之间的传热，同时使容器 1 能被固定地放置于容器 2 中。该装置使得整体温度上升或下降得比较缓慢，满足了温度测量实验的要求。利用该装置研究了光纤布拉格光栅从 274K 到液氮温度 77K 这一大温度范围内的温度传感特性。

图 3-18 FBG 液氮传感特性实验用恒温腔

武汉理工大学李杰燕等针对液氮环境温度下光纤光栅的性能及温度应变传感特性进行了研究[33]，将光纤光栅应用于液氮环境中的应变测量，研究了光纤光栅在液氮(－196 ℃) 环境中的啁啾现象并分析其产生的原因，通过液氮环境中的拉伸实验研究了光纤光栅在低温环境下的应变传感特性，证明了其低温应变测量的可行性。

此外，针对低温环境下光纤光栅粘贴与封装技术，武汉理工大学张东生课题组开展了低温环境下 FBG 胶黏剂应变传递特性的研究。分别研究了不同胶黏剂的应变传递性能、光纤光栅封装方式、胶黏剂粘贴长度对应变传递的影响以及低温胶黏剂(DG-4) 常温环境下的应变传递特性。在此基础上开展了低温储箱静力实验光纤光栅测量应用的研究。通过几种胶黏实验，针对胶黏剂封装光纤光栅试片、带涂敷层光纤光栅和既未封装又未涂敷的裸光纤光栅的低温实验，观察到如下现象：不带涂敷层的裸光纤光栅从常温迅速放入液氮环境中，光纤光栅波长向短波方向漂移 1.1nm；带涂敷层的光纤光栅从常温迅速放入液氮环境中，光纤光栅波长向短波方向漂移 3.7nm；用胶黏剂封装到铝合金试片上的光纤光栅从常温放入液氮环境中，波长向短波方向漂移5.2nm；用胶黏剂封装的光纤光栅和带涂敷层的光纤光栅在液氮温度下，容易出现啁啾现象；既没有封装又没有涂敷的裸光纤光栅在液氮温度下不出现啁啾现象。这些实验结果说明低温啁啾现象不是由光学因素导致的，而是由力学因素导致的。胶黏剂、封装材料和涂敷材料与光纤材料的热膨胀系数不同，在低温情况下由于几种材料的冷缩不一致，使得光纤受到内应力作用，该应力分布的不均匀直接导致了光纤光栅栅格周期分布的不均匀，结果出现啁啾现象。因此，胶黏剂涂敷技术与工艺是消除光纤光栅啁啾的关键。

2006年，黄国君等人通过实验研究了FBG低温和常温下的应变特性[34]。对光纤光栅在液氮(77K)下的应变响应特性进行了研究。实验结果发现：常温下FBG反射谱中的单个中心峰在低温下会劈裂为多峰，分析其原因，是光纤、粘贴胶和金属基底热膨胀系数不一样，光纤除经受均匀的收缩应变以外，还经受由它们相互约束引起的附加非均匀热弹性应变，使常温下均匀的光栅在低温环境中啁啾。这种强烈的非均匀热弹性应变使得FBG栅距变得不均匀并出现啁啾。应变在粘贴长度的中心段较为均匀，而在两端具有较大的梯度，即存在一种端部效应。这是多峰产生的重要原因之一。因此，为了减少多峰，应当尽可能降低FBG光栅区域热弹性应变的非均匀性，为此该学者尝试了多种方法。第一种方法是将长度为10mm的裸光栅粘贴长度加长20mm，使得光栅落在应变均匀段内，避开端部效应的影响，在低温下获得了与常温一样的反射谱。第二种方法是增大光栅长度至15mm并且对光栅进行涂敷，而粘贴长度为正常长度(稍大于栅长，约20mm)。由于涂敷层较软，可以起到过渡层的作用，降低了光纤中热弹性应变的水平及其非均匀性，同时栅长增大相对降低了端部效应的影响。这不仅验证了对多峰形成机理的分析，同时表明非均匀热弹性应变导致的FBG啁啾化是低温多峰形成的唯一原因，从而排除了FBG低温光学性质变化引起多峰的可能性。消除了低温多峰后，进行了常温和低温下的FBG应变传感实验，得到常温和低温下应变与FBG中心波长变化的关系曲线，两者具有良好的线性度，并且常温和低温结果几乎相同，表明FBG的应变传感特性与环境温度无关。

2007年，邓凡平等人研究了光纤光栅在77K到286K范围内的温度传感特性[35]。实验装置如图3-19所示，为了保证Pt电阻与FBG感应的是同一温度值，利用导热性能良好的Cu材料特别设计了一个温度平衡腔。Pt电阻温度计与FBG置于腔内，保持充分接近但又不接触，以避免互相干扰。传感器的FBG与Pt电阻温度计尺寸都为15mm，Pt电阻温度计已经过精确标定。MOI公司生产的4通道解调仪FBGL1提供光纤所需光源及解调装置，其分辨率为1pm。实验所用的裸FBG的中心波长λ_B为1530nm，带丙烯酸酯包层FBG的λ_B为1550nm。实验开始时，将温度平衡腔和导热Cu片浸泡于杜瓦瓶的液氮中，此时温度为77K。实验过程中，由于液氮的自然挥发，液氮液面下降导致温度平衡腔和导热Cu片逐步暴露在空气中，温度逐步上升。由于液氮的比热容大，挥发速度较慢，温度上升的速率约为2K/min，可以保证FBG测量的是稳态温度。温度腔下部通过Cu片连接至液氮内，Cu片除了提供温度平衡腔的结构支撑外，还由于其底部一直浸泡在液氮中，可在平衡腔与液氮间进行热传导，进一步减缓温度腔的温度上升速率。实验数据表明，FBG的温敏系数与温度和涂敷层相关。裸FBG的低温温度与波长的关系具有一定的非线性；带涂敷层FBG的温敏系数高于裸FBG，且低温下的线性度较好。低于210K时，FBG的温敏系数变小，这将限制低温环境下FBG作为温度传感器的使用。通过在裸FBG外部涂敷热膨胀系数为61×10^{-6}的丙烯酸酯材料，可以显著提高FBG的温敏系数和线性度。80K时，丙烯酸酯包覆的FBG温敏系数为0.01526nm/K，而同温度条件下裸FBG的温敏系数仅为0.00449nm/K。

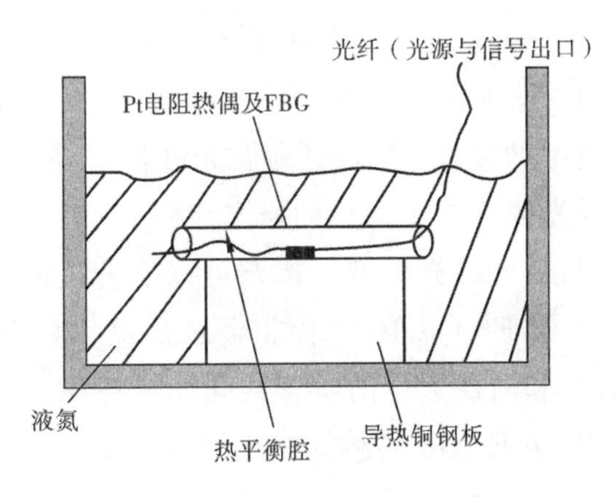

图 3-19　FBG低温实验温度平衡腔

2008年，张红洁等人研究了FBG在4.2K到298K范围内的温度传感特性[36]。重点分析了液氦温度(4.2K)到液氮温度(77K)FBG的温度传感特性。实验结果表明，FBG的温度传感特性与温度关系密切。当温度低于50K时，温度响应基本保持不变。当温度在50K到77K范围内，FBG的波长变化随温度上升的变化是不规律的。而当温度在150K到298K范围内时，FBG的波长变化与温度变化近似呈线性关系。随着温度的降低，光纤光栅的温度灵敏度不断地变小，对比裸光栅与涂敷光栅，涂敷光栅的温度灵敏度远大于裸光栅的温度灵敏度。选用外加热膨胀系数大的聚合物封装，可以显著提高FBG的温敏系数和线性度。

虽然目前国内外对于FBG在低温环境下的传感特性有了一些研究，但大多停留在实验室阶段，主要是针对实验现象进行描述，距实际低温传感应用要求还比较远。同时由于低温条件实验平台搭建难度较大，已有的研究都不够深入全面，对光纤光栅的低温特性也没有完全掌握。特别是针对光纤光栅低温条件下热光系数与弹光系数的研究都未见报道，还有诸多技术难题需要研究与克服。

3.2.2 高温环境下FBG传感技术研究

自从 Hill K O 等人于 1978 年首次研制出世界上第一根光纤光栅以来，光纤光栅以其优越的性能在各应用领域得到了普遍的关注。制作刻写光纤光栅的方法层出不穷，其中，使用紫外激光在载氢光纤上刻写光纤布拉格光栅的方法以其操作简单、成本较低、便于大批量生产等优势，成为目前光纤光栅实际应用中使用最为广泛、最为成熟的一种刻写方法。然而紫外激光刻写的光纤光栅的反射光强会随着环境温度的升高与退火时间的增加而不断降低。光纤光栅的这种高温衰退特性阻碍了其在高温环境中的使用，因而耐高温光纤传感器的研究不断涌现。国内外学者针对耐高温光纤光栅进行了大量的研究与探索。

大量实验研究表明，对光纤光栅进行掺杂可以显著提高 FBG 的耐高温特性。掺入的元素可以是金属如 Er、Ge、In 或者非金属如氟、氮等原子。2003—2004 年间，北安普敦的城市大学和浙江大学的学者共同针对特种金属掺杂光纤光栅展开了一系列的研究，发现 Sb-Er-Ge 共掺杂的光纤[其中各成分含量(质量分数)：GeO_2 为 15%，Sb^{3+} 为 0.5%，Er^{3+} 为 0.05%]具有很强的光敏性。实验表明，在紫外激光曝光的最初 5min，光纤光栅的反射率迅速达到 96%，而折射率调制达到 1.9×10^{-4}。随着时间增加，反射率及折射率调制变化减缓。12min 后反射率达到 99.6%，而折射率调制达到 2.75×10^{-4}。耐高温性能的相关实验表明这种金属掺杂的光纤光栅可以承受 24h 850℃ 高温和 4h 900℃ 高温的退火考验[37]。学者基于阳离子跳变原理对 Sb-Er-Ge 掺杂光纤光栅较好的耐高温性能进行了解释。另外，该作者还发现 Sb-Ge 掺杂光纤[其中各成分含量(质量分数)：GeO_2 为 12%，Sb_2O_3 为0.5%]具有很好的光敏性。使用 Sb-Ge 掺杂光纤刻写光纤光栅的反射率可以达到 99% 以上，并且折射率调制可以达到 2.0×10^{-4}。耐高温性能实验结果显示，在 950℃ 温度下退火 20h，光纤光栅反射峰依然存在。而 In-Ge 掺杂的光纤(其中各成分含量：GeO_2 为 15%，In_2O_3 为 0.2%) 900 ℃ 退火 24h 后，光纤光栅仍然可以保持约 20% 的反射率，并且写入紫外激光的重复频率越高，光栅耐高温的性能越好。

2002 年 Michael Fokine 等人研究使用氟掺杂光纤制作化学合成耐高温光纤光栅。这种光纤光栅折射率调制归因于氟扩散产生的周期性折射率变化，实验表明其可以承受超过 1000℃ 的高温。

澳大利亚悉尼大学的 John Canning 等人认为由于锗 - 氧键间的键合力比较

弱，导致常规 FBG 能耐受的最高温度仅为 600℃。为了提高 FBG 的耐高温能力，他们研究了含水 FBG，其反射率由水分子调制。由于氢键键能高，并且水分子扩散率低，因此退火后 FBG 的高温耐受能力显著增强。实验表明载氢 FBG 能耐受高达 1100℃ 的高温，其 FBG 的反射率取决于 $Si(OH)_4$ 的浓度。

2006 年起，俄罗斯光纤研究中心开展了关于掺氮光纤光栅高温性能的研究。同时推测这种光纤光栅产生的机理是由于光激励作用使氮原子从纤芯分散到包层，氮的浓度沿着纤芯的周期性变化引起了折射率的有效调制，从而形成了光纤光栅。实验结果表明，经过 530℃ 退火后的光栅强度要强于普通光纤光栅经过 350℃ 高温退火后的光栅强度。使用这种掺氮光纤写成的 Ⅱa 型光纤光栅可以承受 1000℃ 甚至更高的温度。但是制作掺氮光纤需要采用化学气相沉积法，制作工艺困难、复杂，成本较高。

意大利 Valentina Latini 等人研究了一种基于耐高温 FBG 传感器和耐恶劣环境蓝宝石光纤的新型结构健康检测体系，工作温度可达 600℃，该传感器应变灵敏度可达 0.6$\mu\varepsilon$，被应用于风洞实验。

使用飞秒激光器写入的 Ⅱ 型光纤光栅，其折射率的调制是通过内部结构的改变来实现的。这种光纤光栅具有极高的热稳定性，在 1000℃ 温度下基本不发生任何衰退。但是飞秒激光刻写光纤光栅最大的问题是写入过程不可逆，且对光纤的机械强度损伤极大。

为了将光纤光栅温度传感器应用于高温作业，针对光纤光栅在高温环境中产生衰退的特性，武汉理工大学李杰燕等[33]针对光纤光栅在高温环境中的衰退现象，结合光纤光栅的微观机制理论研究，分析了普通载氢光纤光栅以及金属锡掺杂光纤刻写的光纤光栅的高温衰退特性与规律。研究了基于掺杂光纤光栅温度传感器的制作技术与工艺，并制作了可以在 700℃ 以上高温环境中使用的耐高温光纤光栅温度传感器。针对光纤光栅温度与应变交叉敏感的问题，研究了可解决交叉敏感问题又具有耐高温性能的温度传感器的封装技术与工艺。从低温 −196℃ 到高温 700℃ 的范围内系统全面地研究与分析了金属锡掺杂光纤刻写的光纤光栅以及再生光纤光栅的温度传感特性，这对于光纤光栅传感应用具有重要的理论和实际意义。

在上述工作中针对光纤传感技术在高温与低温环境应用中存在的相关理论与技术问题进行了大量的研究，取得了一些成果，促进了航空航天领域内极端环境下 FBG 的技术发展。然而要实现极端温度、真空条件环境 FBG 的高可靠性、系统化应用，仍然存在诸多问题，需要进一步深入研究。

参考文献

[1] 吕昌贵.光纤布拉格光栅传输特性理论分析及其实验研究[D].南京：东南大学，2005.

[2] SCHWEIKHARD K A，RICHARDS W L，et al. Flight demonstration of X-33 vehicle health management system components on the F/A-18 system aircraft[R]. Washington：NASA，2001.

[3] PAKC G. Wing shape sensing from measured strain[R]. Edward：NASA Armstrong Flight Research Center，2015.

[4] CHAN，et al. In-situ three-dimensional shape rendering from strain values obtained through optical fiber sensors[P]. United States Patent，Patent No.：US 8，970，845 B1.

[5] MOORE J P. Shape sensing using multi-core fiber optic cable and parametric curve solutions[J]. Opt. Express，2012，20(3)：2967-2973.

[6] NASA Armstrong Flight Research Center. Real-time 3D shape rendering shape sensing multi-core fiber opticable and parametric curve solution[R]. Edward：2013.

[7] NGUYEN X，ELY J，N G，et al. An intrinsic fiber-optic sensor for structure lightning current measurement[R]. Langley ：NASA 2014.

[8] ELSTER J，TREGO Dr. A，CATTERALL C. Flight demonstration of fiber optic sensors，SPIE-smart sensor technology and measurement systems[J]. 5050，2003：34-42.

[9] PATRICIA B，CARL B. X-33/RLV reusable cryogenic tank VHM using fiber optic distributed sensing technology. Collect Tech Pap AIAA ASME ASCE AHS Struct Dyn Mater，1998(3)：1865-1870.

[10] BETZ D，STAUDIGEL L，TRUTZEL M N. Test of a fiber Bragg grating sensor network for commercial aircraft structures [C]. IEEE 15th Optical Fiber Sensors Conference Technical Digest，2002：55-58.

[11] CKE W，I L，R W，et al. Fiber optic sensor network for spacecraft health monitoring [J]. Measurement Science and Technology，2001，12(7)：

974-980.

[12] KONRATH R. Simultaneous measurements of unsteady aerodynamic loads [R]. Flow Velocity Fields, Position and Wing Deformations of MAVs in Plunging Motion, 2010.

[13] PANOPOULOU A, FRANSEN S, Gomez-Molinero V, et al. Experimental modal analysis and dynamic strain fiber Bragg gratings for structural health monitoring of composite antenna[J]. CEAS Space Journal, 2013, 5(1-2): 57-73.

[14] LEE J R, RYU C Y, KOO B Y, et al. In-flight health monitoring of a subscale wing using a fiber Bragg grating sensor system [J]. Smart Materials and Structures, 2003, 12(1): 147-155.

[15] YANG H, TAO B Q. Research of self-diagnose and self-repair using hollow optical fiber in smart structure[J]. SPIE, 2000, 4221: 264.

[16] KRESSEL I, HANDELMAN A, BOTSEV Y, et al. Evaluation of flight data from an airworthy structural health monitoring system integrally embedded in an unmanned air vehicle [C]. 6th European Workshop on Structural Health Monitoring, 2012: 193-200.

[17] YARI T, ISHIOKA M, NAGAI K, et al. An application test using Brillouin optical correlation base analysis method for aircraft structural health monitoring[C]. Smart Structures and Materials. International Society for Optics and Photonics, 2006.

[18] YANG S-M. Characteristics of smart composite wing with SMA actuators and optical fiber sensors[J]. International Journal of Applied Electromagnetics and Mechanics, 2006, 23: 177-186.

[19] HO M, LAU K, AU H, et al. Structur al health monitoring of an asymmetrical SMA reinforced composite using embedded FBG sensors[J]. Smart Materials and Structures, 2013, 22(12).

[20] WADA D, MURAYAMA H, IGAWA H, et al. Simultaneous distributed measurement of strain and temperature by polarization maintaining fiber Bragg grating based on optical frequency domain reflectometry[J]. Smart Materials & Structures, 2011, 20(8): 85028-85035.

[21] WADA D, IGAWA H, MURAYAMA H, et al. Signal processing method based on group delay calculation for distributed Bragg wavelength shift in optical frequency domain reflectometry[J]. Optics Express, 2014, 22(6): 6829.

[22] NAKAMURA T, KAMIMURA Y, IGAWA H, et al. Inverse thermoelastic analysis for thermal and mechanical loads identification using FBG data [J]. Aip Conference Proceedings, 2014, 1637(1): 707-713.

[23] TADAHITO, Mizutani. Precise sensing utilizing optical fiber for space craft[J]. Proceedings of the Spie, 2014, 9157.

[24] KRESSEL I, BALTER J, MASHIACH N. High Speed In-Flight Structural Health Monitoring System for Medium Altitude Long EnduranceUnmanned Air Vehicle[C]. 7th Europe Workshop on structural Health Monitoring, 2014, 274-280.

[25] KRESSEL I, BOTSEV Y, LEIBOVICH H, et al. Fiber Bragg grating sensing in smart composite patch repairs for aging aircraft[C]. Proc. SPIE 5855, 17th International Conference on Optical Fiber Sensors, 1040.

[26] 刘铁根,王双,江俊峰,等.航空航天光纤传感技术研究进展[J].仪器仪表学报,2014,8:1681-1692.

[27] 朱方东.总线拓扑结构的大容量光纤光栅传感网络和系统研究[D].武汉:武汉理工大学,2014.

[28] 徐海伟.变体机翼分布式光纤应变监测技术及FBG传感器优化配置研究[D].南京:南京航空航天大学,2012.

[29] MIZUTANI T, TAKEDA N, TAKEYA H. On-board strain measurement of a cryogenic composite tank mounted on a reusable rocket using FBG sensors[J]. Structural Health Monitoring, 2006, 5(3): 5-10.

[30] 郭明金,姜德生,王玉华.裸光纤光栅及其封装后的低温特性[J].武汉理工大学学报,2006,28(8):113-116.

[31] 郭明金,姜德生,袁宏才.两种封装的光纤光栅温度传感器的低温特性[J].光学精密工程,2007,15(3):326-330.

[32] 付容.光纤Bragg光栅低温传感特性研究[D].武汉:武汉理工大学,2011.

[33] 李杰燕.耐高温及低温的光纤传感相关理论与技术研究[D].武汉:武

汉理工大学,2009.

[34] 黄国君，邵进益，王秋良. 液氮温度光纤 Bragg 光栅的应变传感特性[J]. 光电子·激光，2007，18(7):773-775.

[35] 邓凡平，邵进益，黄国君. 光纤 Bragg 光栅在 77K 环境下的温度传感性能研究[J]. 光电子·激光，2007，18(4)：404-406.

[36] 张红洁，邓凡平，肖剑. 光纤 Bragg 光栅液氮环境下温度传感特性的研究[J]. 光电子·激光，2008，19(5)：581-583.

[37] SHEN Y H，SUN T，KENNETH T V，et al. Highly photosensitive Sb-Er-Ge-codoped silica fiber for writing fiber Bragg gratings with strong high-temperature sustainability[J]. Optics Letters，2003,28(21):2025-2027.

4 FBG复合材料结构健康监测研究现状

近年来随着新材料技术的发展，使用先进的复合材料来制造航空航天结构(如机身、机翼、引擎罩盖、导流罩等部件)是新一代航空航天结构设计制作的必然趋势。与金属材料相比，复合材料抗疲劳性更强、质量更轻、耐腐蚀性更好、强度质量比更高，并且能够任意成型，具有无可比拟的优势。目前在航空航天领域运用最多的复合材料为碳纤维复合材料。碳纤维复合材料以其独特的理化性能，被广泛运用在火箭、导弹和高速飞行器等航空航天领域。例如采用碳纤维与塑料制成的复合材料制造的飞机、卫星、火箭等宇宙飞行器，不但推力大、噪声小，而且由于其质量较轻，动力消耗少，可节约大量燃料。目前小型商务机和直升机的碳纤维复合材料用量已占55%左右，军用飞机占25%左右，大型客机占20%左右。复合材料在机体结构质量中所占的比例已经成为衡量飞机先进性的重要标志之一。对复合材料结构的健康监测也已成为新一代飞机安全监测的重要内容。

1988年国际光学工程学会(SPIE)召开首届纤维光学复合材料结构的国际学术会议，20世纪70年代末到80年代中期，着手光纤复合材料结构的基础探索，进行了传感器和复合材料之间的相容性、掩埋特性和掩埋结构等研究。从80年代后期开始进入广泛实验阶段。目前该项技术研究仍以美国为主，英国、法国、加拿大等国也纷纷进行了研究。在军用的同时，该项研究也扩展到医疗、体育、建筑、地震预报等领域。

4.1 美国的研究现状

为了降低飞机质量和成本，NASA开展了大量使用光纤技术实时监控复合材料结构完整性的实验，研究了嵌入式和外表面粘贴式FBG的应变、温度传感特性，并与传统应变片的结果进行了比较，证实了光纤传感的可靠性。NASA 还开展了光纤机敏结构与蒙皮计划的专项研究，首次将光纤传感器埋入先进聚合物复合材料蒙皮中，用以监控复合材料的应变与温度。2010 年，NASA Langley 中心的 Meng-Chou Wu 等人利用 FBG 温度传感器对复合材料进行温度测量，通过材料缺陷部位与正常部位的温度差异实现了材料缺陷热图探测。研究对象为一块具有 10 层结构的复合材料板，板中预先在不同位置、不同深度处设计了缺陷。由于具有缺陷，对复合材料板加热时板内热量分布不均匀，在缺损处会形成温度梯度场。将含有多个 FBG 的光纤嵌入到待测复合板中或粘贴到复合板表面。利用光栅监测不同点的温度，动态记录波长随时间的变化。对传感器数据进行分析与热模拟，最后得到感兴趣区域的热通量变化特点[1]（图 4-1）。将光纤光栅传感器获得的数据与温度计记录的数据进行对比分析，验证 FBG 温度测量的准确性。实验结果表明，单向板和双向板复合材料的热响应模式具有一致性。若复合材料层与层之间的空气间隙为 30μm，测量层中不同深度处热通量的变化与预测值具有很好的一致性。以后的工作将进一步开发快速的检测系统，同时检测更多的 FBG。该系统在航空航天领域结构与材料的热健康监测中具有广阔的应用前景。

(a)

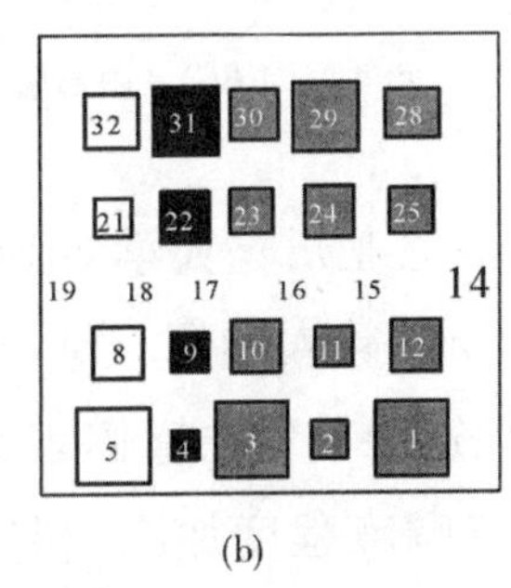

(b)

图 4-1　表面粘贴有光纤光栅串的 10 层复合材料结构

(a) 实物图；(b)FBG 分布图

对于用胶黏剂粘贴的复合材料，其结构缺陷决定了复合材料的负载能力和结构完整性，因此对结构缺陷进行检测与表征具有重要意义。由于 FBG 具有纤细的尺寸，将其植入复合材料内部后不会影响材料的性能，因此，基于 FBG 传感进行结构缺陷检测已经引起了广大学者的兴趣。密歇根州立大学的 Mahmoodul Haq 等人将 FBG 光栅串置入单搭接的复合材料内部测量其结构缺陷[2]（图 4-2）。由于 FBG 测量的是局部区域的应力分布，通过比较测量 FBG 与参考 FBG（置入复合材料健康部位处）的测量结果可以得知缺陷处的位置和缺损程度。并且，由于参考光纤位于同一粘贴区域，不需要对数据进行基线分离或校正处理。实验时分别采用两块有缺陷和无缺陷的单搭接样品进行加载实验，利用 FBG 测量各点的应力分布，获得结构缺陷信息。每个搭接点的粘贴区域为 50.8mm × 50.8mm，胶黏剂黏结层的厚度为 0.76mm。光栅长度均为 10mm。第一块复合材料为无缺陷材料，上面粘贴光栅 A，A 与复合材料边缘间距为 7.5mm，模拟计算发现该距离处边缘效应对于 FBG 的影响可以忽略。第二块复合材料上布置参考光栅 C 和 D，中心波长均为 1572nm，与复合材料边缘距离为 7.5mm，测试光纤 B 位于 C 和 D 中间，中心波长为 1512nm。实验测量了缺陷复合材料中 FBG 所在位置处的应力，并与参考 FBG(B) 和无缺陷复合材料(A) 的结果进行了对比。

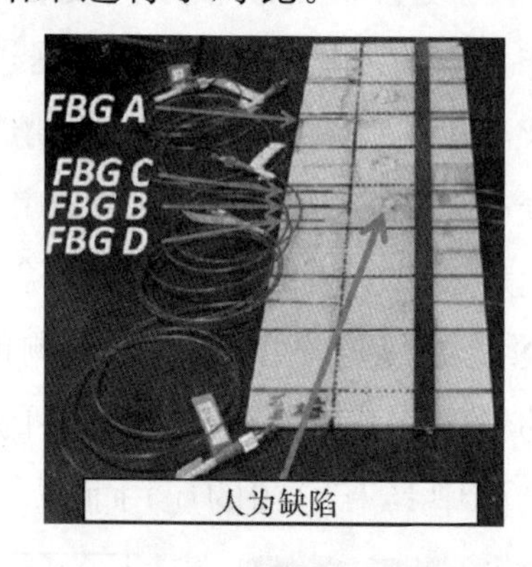

图 4-2 FBG 光栅串置入单搭接复合材料内部测量其结构缺陷

美国加利福尼亚州立大学 Scott M. Strutner 等人与 NASA Dryden 飞行中心的 Anthony Piazza 等人利用 FBG 监测碳纤维复合材料保护的压力罐微裂缝扩展情况。将传感器分别布置在罐体表面和内部[3]。随着负载增加，罐体微裂缝出现扩展，导致 FBG 谱啁啾程度加剧。利用频域反射技术(OFDR) 对谱进行分析，得到整个罐体的应力数据。

4.2 欧洲的研究现状

航空中复合材料组装时经常要用到胶黏剂。因此，胶黏剂的负载性能对材料结构的安全性具有重要影响。瑞士 Luis P Canal 等人[4] 使用一组等距的光纤光栅传感器串测试单搭接剪切复合材料中胶黏剂黏结区域的应变分布。首先建立有限元模型理论分析应变分布，以优化选择传感器的位置。然后在复合材料第一层、复合材料/胶黏剂界面处、胶黏剂内部嵌入光纤光栅。利用传感器测量不同位置的应力并与有限元结果进行比较与分析，结果表明复合材料/胶黏剂分界面处有最大的应变与最强的应变梯度，黏结区域的应变分布实验测量值与理论模拟结果具有很好的一致性。FBG 光栅串的引入影响各层的力学性能(图 4-3)。

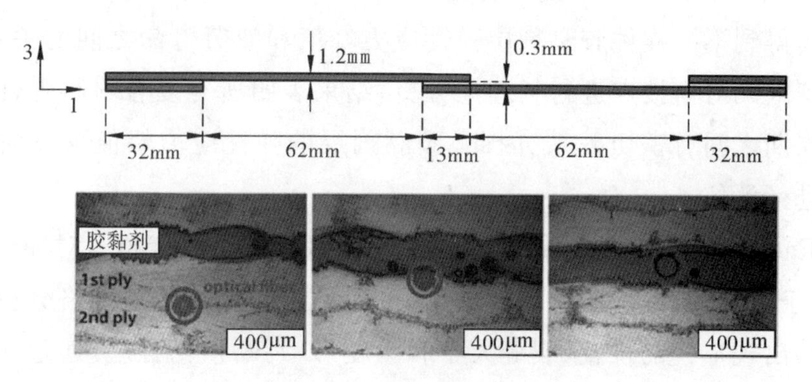

图 4-3 单搭接剪切样件中不同区域的应力分布 FBG 测试

意大利米兰理工大学的航空航天工程系开展了大量针对航空智能材料的研究，将光栅光纤传感器埋入复合材料中，进行了数值模拟与传感测试。其中 Bernasconia 等人利用 FBG 传感器测试了复合材料层压板胶黏剂结合面处的疲劳裂纹扩展情况。基于有限元应力分析结果，将一排传感器等间距地布置在锥形搭接板复合材料上进行测试。裂纹尖端同时还用光学显微镜和超声探测器进行观察，探测的裂纹尖端位置与 FBG 信号存在良好的对应关系，说明 FBG 阵列能很好地监测黏结处的疲劳裂纹扩展情况[5](图 4-4)。该学者还研究了胶黏剂粘贴的复

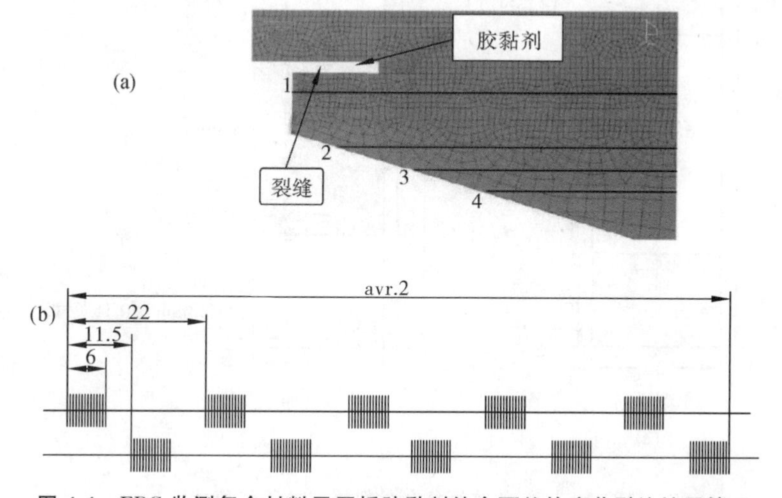

图 4-4 FBG 监测复合材料层压板胶黏剂结合面处的疲劳裂纹扩展情况

合材料层压板(9.9mm 厚)在拉力作用下的脱胶情况,对不同粘贴长度(25 ~ 110mm)、不同形状(有锥和无锥)、不同材料(复合材料与复合材料、复合材料与钢板)的粘贴试件进行了疲劳测试,绘制了最大应力与可循环次数的疲劳曲线[6]。通过疲劳曲线得到不同样件胶黏剂层弹性应力峰值和疲劳寿命之间的关系,同时还利用二维有限元对搭接点进行了理论分析,结果表明所有复合材料弹性应力峰值与可循环周期之间有密切关系。因此,胶黏剂层的弹性应力峰值可以对搭接处的疲劳状况进行评估。

希腊 Panopoulou 等人[7] 利用长尺寸的 FBG 检测了复合材料对冲击的动态响应过程,基于 FBG 测得的动态应力数据,采用算法和人工神经网络分析冲击作用后复合材料出现损伤的位置、裂缝大小和深度,以判断损伤程度。通过改变材料的局部质量,反复实验以寻找损伤出现的规律。希腊 Marioli-Riga[8] 也开展了复合材料修复补丁的结构健康监测研究。该学者认为修复补丁最关键的位置是铝片基底与复合材料的结合处。模拟出现裂缝的飞机机翼上采用的典型复合材料修复补丁,设计制作了一系列样本,制作过程中将 FBG 埋入复合材料内部(图 4-5)。对铝片基底与复合材料结合处实施轻微人工剥离并进行了拉伸实验。实验过程中控制试片的位移量,对试片逐步施加 1kN、3kN、5kN、7kN、10kN 的拉力,并记录 FBG 波长。同时还测试了未剥离的健康试件,并将两者结果进行了对比,分析了阈值点,在此基础上提出了复合材料修复补丁的结构健康报警方法。

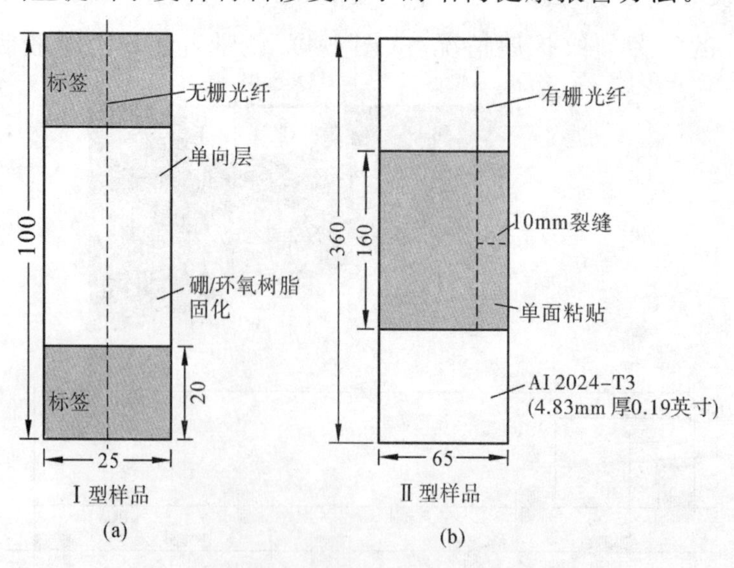

图 4-5 FBG 监测复合材料修复补丁健康状况

德国汉堡 Daimler Chrysler Aerospace (DASA) 飞机测试中心的 Trutzel 等人[9] 把 FBG 传感器粘贴于当时最新研制的碳纤维增强塑料机翼的表面,对机翼疲劳特性进行了健康监测。他们把 2 个 FBG 传感器阵列分别粘贴于机翼的上下表面,并在 FBG 传感器附近粘贴了电阻应变计以作为比较。每个阵列含 11 个 FBG 传感器,其中一个 FBG 传感器用作温度传感器。所有的 FBG 传感器均无任何保护措施。从 1998 年 9 月到 1999 年 11 月,用热水对机翼加热,同时对机翼连续加载,以加速机翼的疲劳,模拟客机的整个生命周期。测量结果显示,FBG 传感器和电阻应变片的测量结果吻合度很高。为了保护 FBG 传感器,他们又提出把 FBG 传感器埋入机翼结构表面的漆层里。实验结果表明,在 $-50 \sim 100$℃ 的温度范围内 FBG 应变呈线性变化。

2007 年,马德里大学航空系与 Airbus 公司合作,在用于 A380 机身的复合材料曲板上粘贴了 4 根刻有 6 个光栅的光纤传感器,用以研究复合材料的脱黏失效状况及应变分布。这表明 FBG 传感器适用于复合材料的损伤探测及脱黏失效监测[10]。法国光学研究所和汤姆逊公司等多家研究机构合作,在复合材料结构中埋入 FBG 传感器来探测其中的不可见缺陷(如分层和裂缝)。

英国 Cranfield 大学研制出一种基于光纤末端散斑干涉图像监测的飞机结构损伤监测系统[11]。该系统采用直径为 200/230μm 的多模光纤振动传感器,将其固定于碳纤维复合材料飞机结构件中进行空间光斑检测。当结构发生损伤时,外部扰动施加在光纤上,散斑会发生变化(总强度保持不变),由此对结构损伤状况进行评价。研究结果显示,这种多模光纤传感器可通过振动监控进行智能材料的无伤评价,可有效地进行服役状态下的结构健康监测。

西班牙 Rodriguez-Cobo L 等人研究了基于 FBG 实现复合材料的温度应力同时测量的问题[12]。通过在复合材料的特定位置处钻孔人为引入应力梯度,利用置入的两个 FBG 分别进行应力和温度测试,并将测试结果与未钻孔的材料进行比较,得到应力温度响应差异。

4.3 日韩等国家和地区的研究现状

日本是一个材料研究很发达的国家,从其材料研究的趋势可看出光纤光栅传感器的新应用领域和新发展方向。已经开展的有复合材料快速成型过程监测、焊接点位置不均匀应力监测、复合材料应力动态分析、复合材料与金属结合部件的应力动态分析、可循环使用的复合材料安全性能分析等一系列研究工作。

2004 年，日本富士重工的 Ogisu T 与日本东京大学的 Yoji Okabe 等人利用压电陶瓷驱动器与 FBG 传感器结合，实现了对新一代全复合材料结构飞行器的结构损伤监测[13]。他们设计的小型商用客机的机身结构全部采用新型碳纤维增强(CFRP) 复合材料，两机翼跨距 10 ～ 15m，如图 4-6 所示。复合材料的引入，尤其是帽形梁黏合结构的使用，导致黏合界面出现分层，会带来一定的危险性。因此，为了监测飞行器复合材料结构内部出现的损伤，他们把 FBG 传感器埋入 CFRP 分层结构中，利用 PZT 驱动器发射弹性波。当复合材料在弹性波传播的方向上产生损伤时，光强会衰减，波速发生变化，因此，利用快速响应和高精度的 FBG 传感器，可以探测出损伤的位置。在使用铝片和复合材料分层材料进行实验时，当 PZT 驱动器和 FBG 传感器相距 5cm 时，可以探测到 300kHz 的弹性波。

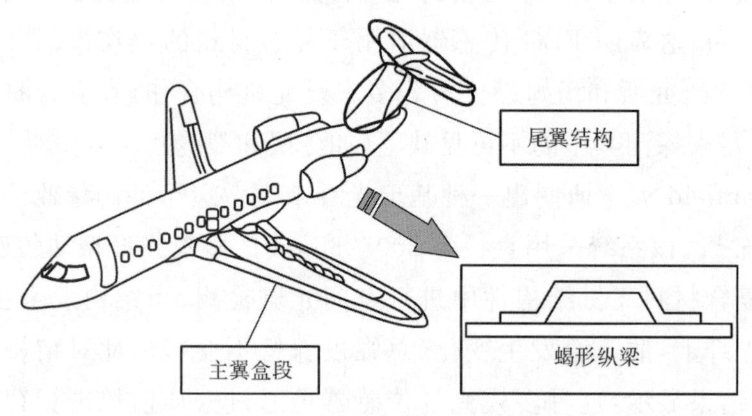

图 4-6 新型复合材料客机示意图

为了更好地完成 FBG 嵌入的同时不影响嵌入式材料的整体结构，东京大学的 Yoji Okabe 等人设计制作了一种直径只有 52μm(包括涂敷层) 的小尺寸改进型的光纤光栅，如图 4-7 所示[14]。在 FBG 传感器完成嵌入后，利用 PZT 驱动器在复合材料表面发射弹性波。监测系统的整体结构如图 4-8 所示，当复合材料内部在弹性波传播的方向上出现损伤时，光纤光栅在响应弹性波的同时波长和强度都会发生相应的改变，因此，利用快速响应和高精度的 FBG 传感器可以探测出损伤的存在。在使用铝片和复合分层材料进行实验时发现，当 PZT 驱动器和 FBG 传感器相距 5cm 时，可以探测到 300kHz 的弹性波，实验取得良好的测试效果。实验还对不同长度的光纤光栅(1 ～ 7mm) 进行了比较。

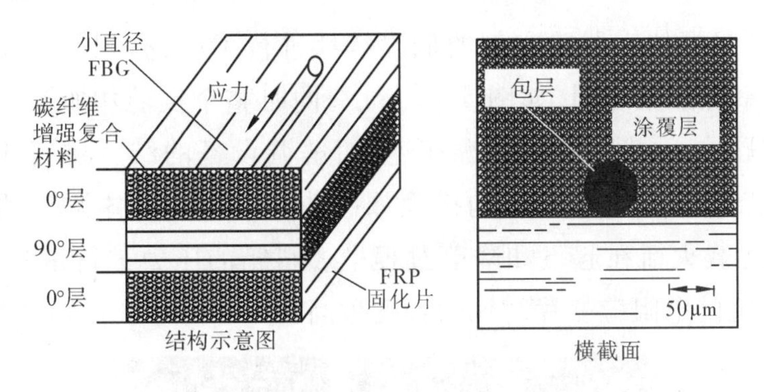

图 4-7 小尺寸光纤光栅嵌入复合材料内部示意图

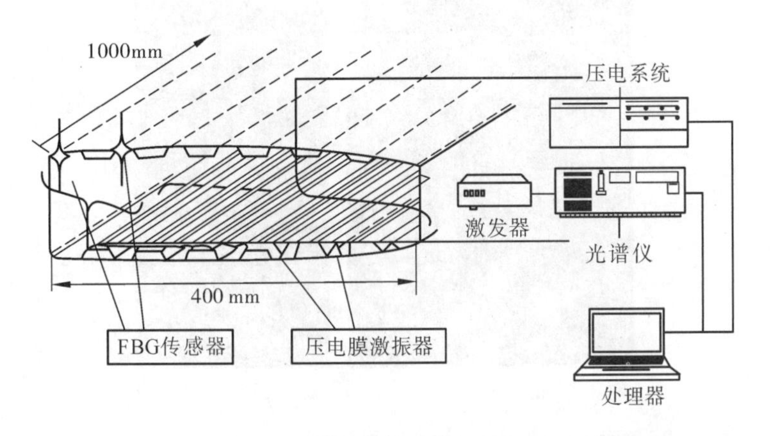

图 4-8 整体监测系统示意图

2006 年,日本东京大学的 Mizutani T 等人采用 FBG 对复合材料液氢燃料罐进行了实时应变测量[15]。该复合材料液氢燃料罐由碳纤维增强塑料(CFRP)、多层复合材料纤维缠绕全铝的内衬制作而成,其功能是用作可重复性的火箭助推器,如图 4-9 所示。这种火箭(需要反复垂直起飞和着陆)的设计制作由日本宇宙航空研究开发机构(JAXA)完成,整个实验简称 RVT(Reusable Rocket Vehicle Test)。考虑到测试过程中燃料罐所受到的极大压力差以及燃料罐在实验中需要反复使用,整体结构中燃料罐的安全性和完整性需要得到可靠保障。根据上述要求,文中选用了光纤光栅传感系统对整个实验过程进行了实时在线测

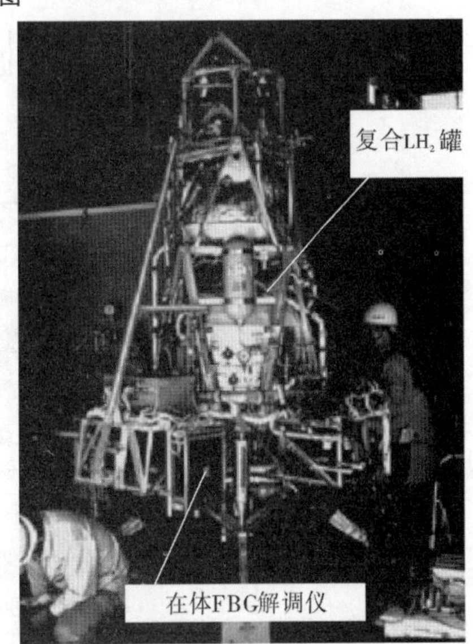

图 4-9 RVT 中的复合材料液氢燃料罐

量。首先对光纤光栅传感器胶黏剂的低温特性进行了研究，根据实验结果选用了UV胶黏剂和聚氨酯胶黏剂，如图4-10所示。同时整个实验中解调仪需要随测携带，将电源外置，与运载火箭的电源相连，对解调设备的结构进行改进以便于测试。整个光纤光栅监测系统的结构搭建如图4-11所示。具体测试的示意图如图4-12所示，对运载火箭在起飞和降落过程中燃料箱的压力进行了实时在线监测，实验结果与传统的电阻应变片对比吻合度极高。

(a) (b)

图4-10 光纤光栅传感器胶黏剂低温特性测试

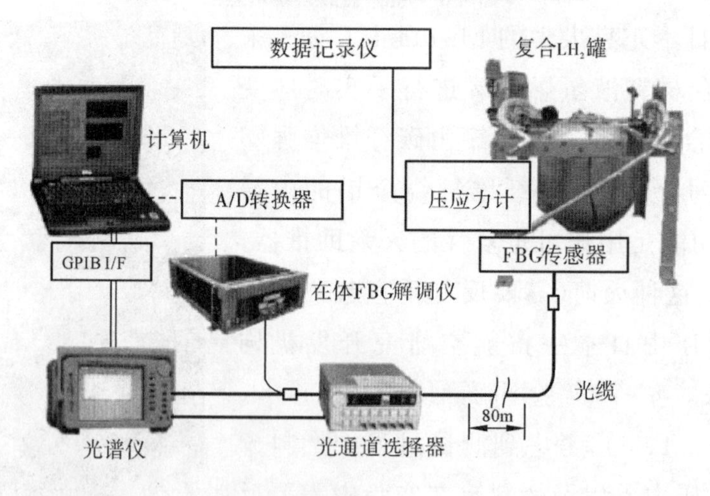

图4-11 光纤光栅测试系统图

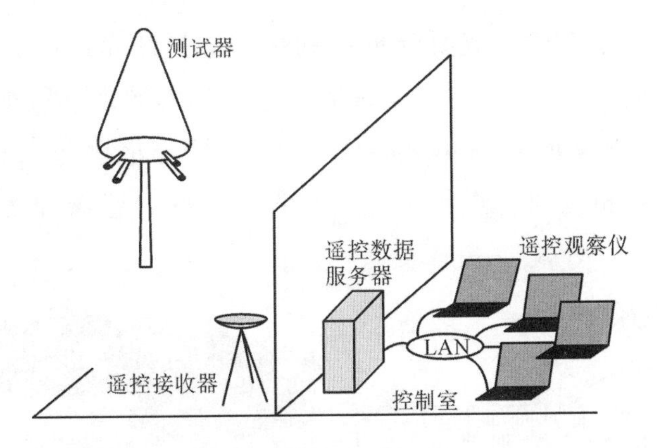

图 4-12 RVT 实验示意图

2009 年日本东京大学的 Aoki T 和 Yokozeki T 针对由 NEDO 和 RIMCOF 两个机构所资助的复合材料在航天领域的应用监测项目进行了相关回溯和总结[16]。文中包括的主要研究内容有前文介绍的以便于嵌入式测量的小尺寸光纤光栅，如图 4-13 所示。其光栅周期 53μm，长度 10mm，置入复合材料内部进行结构监测[17]。通过分析置入光栅光谱的啁啾过程可以跟踪 CFRP 的制作过程，监测复合材料板的脱胶情况[18-21]，并对 CFRP 正交层板、各向同性板中的裂缝进行探测和定

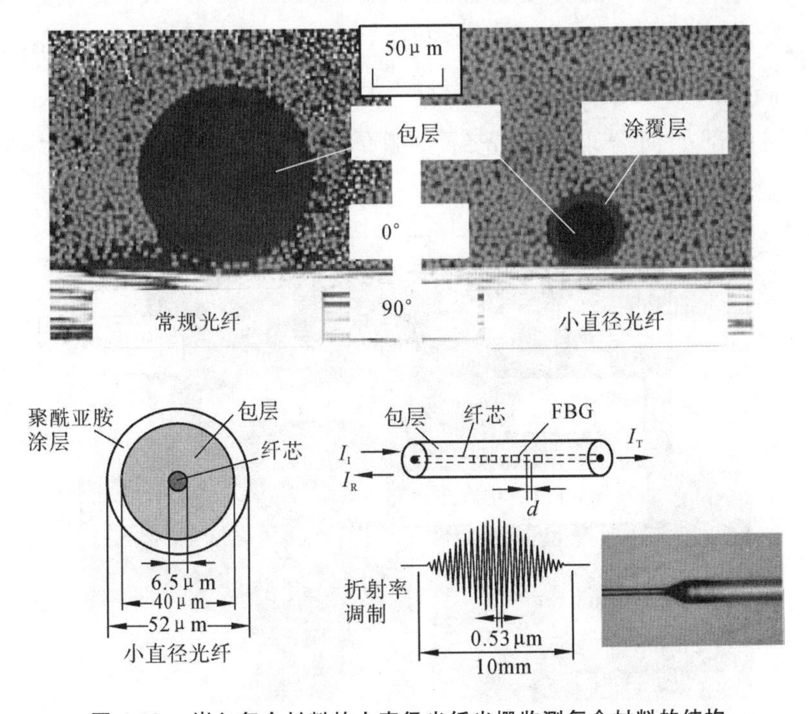

图 4-13 嵌入复合材料的小直径光纤光栅监测复合材料的结构

位[21-24]。此外还介绍了在嵌入光纤光栅后利用分析光纤光栅的光谱来分析嵌入位置所受到的不均匀应力，包括利用FBG嵌入角度的不同来感应复合材料表面不同方向的应力，如图4-14所示。日本著名的Takeda研究室还与Kawasaki重工业株式会社合作，通过在机身复合材料中埋入小直径光纤传感器开发了实时监测冲击损伤系统。

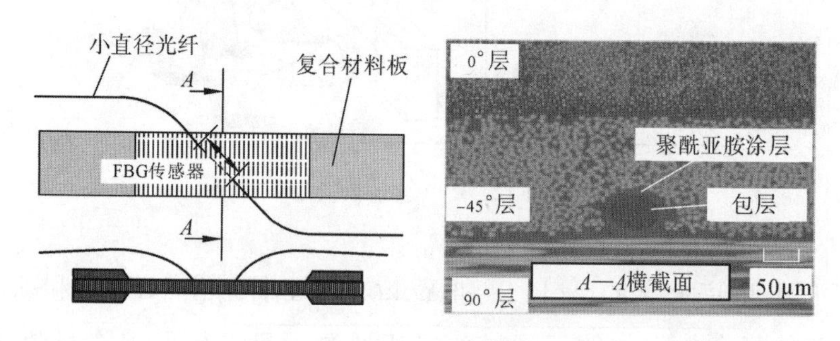

图4-14 嵌入复合材料的小尺寸光纤光栅与传统尺寸的光纤光栅对比图

日本经济产业省在2003年出巨资资助了ACS-SIDE (Structural Integrity Diagnosis and Evaluation of Advanced Composite Structures) 的五年研究计划，计划内与材料研究有关的内容有两部分，一是由富士重工与东京大学合作的针对复合材料机翼的PZT/FBG混合动态监测系统，如图4-15所示[25]。第二部分为由三菱重工与东京大学合作的针对HRAGS(Highly Reliable Advanced Grid Structures) 高度可靠的先进网格结构复合材料的监测系统，研究了在复合材料试件的蜂窝夹层内部如何合理布设光纤光栅传感器以监测试件在受力时各个方向的应变[26]。

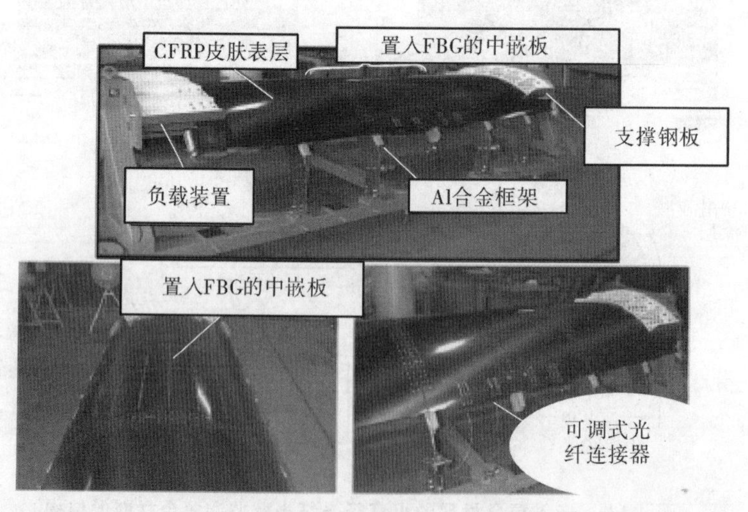

图4-15 PZT/FBG混合监测系统应用于复合材料机翼状态监测

2011 年，日本东京大学的 Shu Minakuchi 和川崎重工的 Yasuo Hirose 等人引入止裂器来探测复合材料的内部裂纹[27]。在文中，他们创新性地提出在复合材料内部预制一个半圆形的硬质材料作为止裂器，功能模拟在船舶板材中常用的止裂孔，以防止当裂缝产生后出现的裂缝延展，如图 4-16、图 4-17 所示。在半圆形止裂器的两端预制了两个 FBG 传感器，在裂纹从任意一侧产生并延展至止裂器附近的同时，该侧 FBG 传感器的波长和强度会发生相应的改变，从而可以感应裂纹的发生。

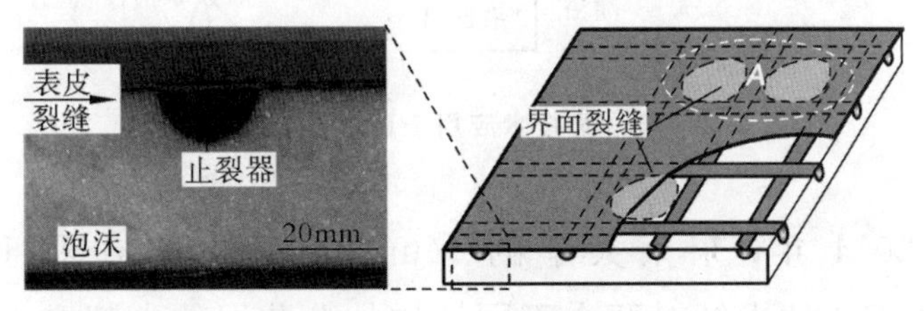

图 4-16 在复合材料层合板内部预制的止裂器

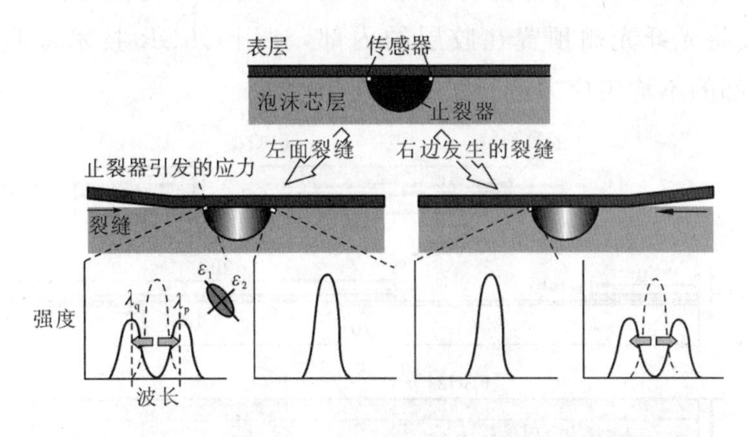

图 4-17 位于复合材料层合板内部预制止裂器的 FBG 传感器

2007 年，东京大学的 Wada D 首次利用 OFDR 技术对复合材料成型过程中的真空辅助传递模塑（VaRTM）进行了监测分析[28]，如图 4-18 所示。实验中采用了长度为 1cm 的光纤光栅，比普通的 FBG 的长度要长 10 倍，由于 OFDR 技术具备极高的空间分辨率，可以在 1cm 的空间范围内形成对温度场和应变场的分布式测量。针对真空辅助传递模塑的成型过程中树脂流动的监测，可以通过 OFDR 技术感应全过程中的温度与应变变化来实现。

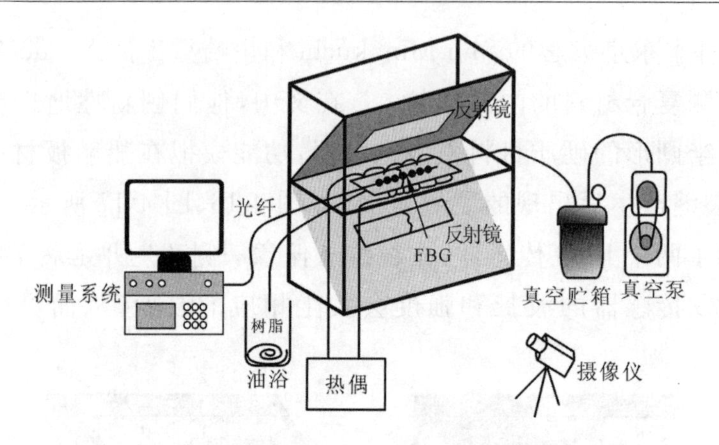

图 4-18 OFDR 技术应用于真空辅助传递模塑

2012 年至 2014 年，东京大学的 Murayama Hideaki 和 JAXA 的 Igawa Hirotaka 利用 OFDR 技术针对两个不同结构粘贴胶层的内部应力进行了测量，如图 4-19 所示。选用的试件从传统的铝件到碳纤维增强型复合材料，通过不同的试件之间的粘接将光纤光栅预置在胶层的内部，利用 OFDR 技术极高的空间分辨率，对胶层内部的不均匀应力进行了有效还原[29-32]。

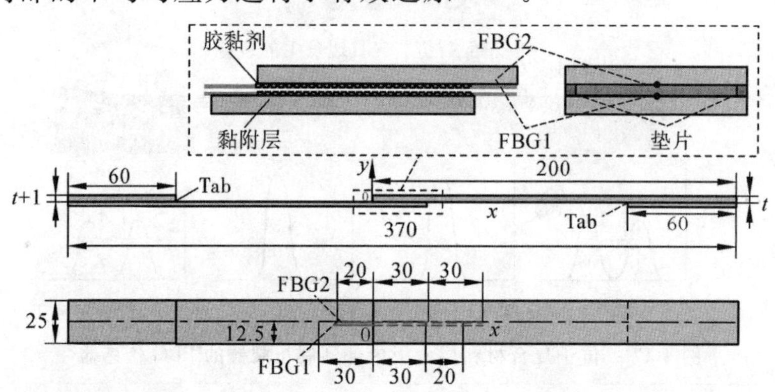

图 4-19 OFDR 技术应用于不同材料胶层内应力测量上

澳大利亚 Rajan 等人研究了塑料 FBG 的复合材料传感性能，并与石英 FBG 的测试性能进行了比较。实验同时将长 1cm、中心波长 1530nm 的塑料 FBG 与波长为 1553nm 的普通石英 FBG 埋入复合材料内部进行温度和应力测试。实验结果表明埋入复合材料前，两者的温度灵敏度一致。埋入复合材料内部后，石英 FBG 的温度灵敏度更高，而塑料 FBG 由于复合材料热膨胀产生的应力，其谱宽明显增宽[33]。

4.4 国内的研究现状

从20世纪80年代初开始，我国多家研究机构对航空航天领域的FBG传感技术进行了研究。比较有代表性的单位有南京航空航天大学、北京航空航天大学、天津大学、武汉理工大学、哈尔滨工业大学、国防科技大学等。

天津大学开展了基于FBG的航空航天结构温度、应变、压力、声振动传感系统的研究，开展了航空光纤大气压力测量实验以及多参量光纤传感系统在空间环境模拟设备中监测水升华器工作状态的研究[34,35]。

结构损伤监测领域最关键的问题之一是实时疲劳裂纹监测，可显著提高结构的安全性和耐久性。北京航空航天大学的袁枚等人[36]开展了基于光纤布拉格光栅(FBG)的裂纹监测技术研究(图4-20)。为了监测结构中裂纹增长过程中的超声波传播情况，详细探讨了频谱相关分析算法和互相关函数序列两种方法。考虑到裂纹初期时信号检测的奇异性，应用小波分析方法进行特征提取，设置了裂纹初始因子(CIF)和裂纹扩展因子(CPF)两个损伤因子来表征损伤产生和传播的程度。为了论证该方法的裂纹损伤识别效率和精度，分别采用不同FBG传感和超声波检测两种方法进行了比较实验。实验结果验证了频谱互相关函数和损伤特性因素在疲劳裂纹发生和扩展检测中具有很好的性能。尤其是与超声波检测相比，光纤光栅传感器能在线监测，并具有很好的灵敏度和准确性。

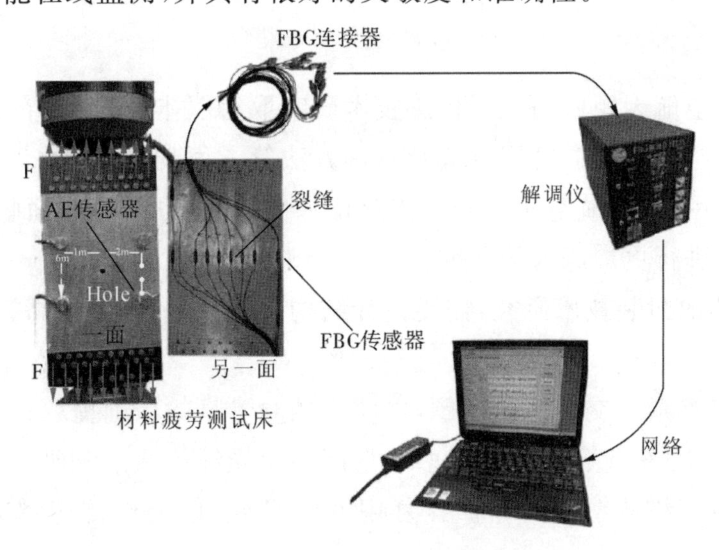

图4-20 基于FBG的裂纹监测

南京航空航天大学智能材料与结构健康监测研究所的梁大开等人[37]以某型号飞机机翼盒段为研究对象，构建了基于波分复用结构的分布式 FBG 传感网络，测量机翼在载荷情况下的应变。研究表明，FBG 波长偏移与载荷呈线性关系，传感器的最大载荷监测灵敏度达 3.09pm/N。哈尔滨工业大学谢怀勤等人[38]研究了埋入 CFRP 的 FBG 光纤传感器界面传递特性，对埋入裸光栅的碳纤维复合材料同时进行电阻应变与 FBG 波长解调实验，并对两者结果进行对比。测量的 FBG 应变传感灵敏系数与理论值十分接近。FBG 裸光栅埋入 CFRP 后不存在粘贴层的界面传递影响，其应变测量值无须修正。

北京航空航天大学张博明等人[39]针对完整以及不同预置损伤的层合板进行了悬臂梁实验，得出了不同载荷下应变监测结果，并与应变片的结果进行比较，探索了层合板应变规律及机理（图 4-21）。结果表明，光纤光栅能够对复合材料应变实现监测，层合板应变大小与外加载荷呈正相关，预置损伤造成的应力集中使层合板损伤部位附近应变增大。

图 4-21　基于 FBG 的不同预置损伤层合板安全监测

4.5　小　结

近年来航空航天领域的光纤传感技术研究取得了丰硕成果，在传感器特性分析、传感系统构建、多通道复用方法及解调方法等方面均取得了长足进步。但面对严酷复杂的应用环境，航空航天光纤传感技术仍处于发展初期，面临许多挑战，需要在以下方面进行更加深入的研究：

① 传感器的封装技术研究，需要设计结构更稳定、灵敏度更高、环境适应性更强的传感器；

② 研究多参量的交叉敏感问题，以实现独立参量的精确提取；

③ 小型化、系统化、高可靠性、多参量网络化光纤传感系统研究；

④ 多参量网络体系结构和扩容复用方法研究，以突破传感单元复用数量的限制；

⑤ 大量、复杂的多模态传感数据的表征和数据特征提取理论方法研究。

综上所述,大规模、高密度、高精度、多参量光纤传感系统是航空航天光纤传感技术的发展方向,目前所取得的研究成果与航空航天传感领域的复杂应用需求还存在较大的差距,仍需要在上述研究方向进行更深入的探索。

参考文献

[1] Wu M C,Winfree,William P,et al. Fiber optic thermal health monitoring of composites[J]. SPIE Smart Structures & NDE & Health Monitoring,2010.

[2] HAQ M,KHOMENKO A,UDPA L,et al. Fiber Bragg-grating sensor array for health monitoring of bonded composite lap-joints[C]. Conference Proceedings of the Society for Experimental Mechanics Series,2014,6:189-195.

[3] STRUTNER S M,PENA F,PIAZZA A,et al. Recovering strain readings from chirping fiber Bragg gratings in composite overwrapped pressure vessels [C]. Proc. SPIE 9059,Industrial and Commercial Applications of Smart Structures Technologies 2014,90590F.

[4] CANAL L P,SARFARAZ R,VIOLAKIS G. Monitoring strain gradients in adhesive composite joints by embedded fiber Bragg grating sensors[J]. Composite Structures,2014,112:241-247.

[5] BERNASCONIA A,CARBONI M,COMOLLI L. Monitoring of fatigue crack growth in composite adhesively bonded joints using fiber bragg gratings[J]. Procedia engineering,2011,10:207-212.

[6] BERNASCONIA A,BERETTA S,MORONI F. Local stress analysis of the fatigue behavior of adhesively bonded thick composite laminates[J]. The Journal of Adhesion,2010,86:5-6.

[7] PANOPOULOU A,LOUTAS T,Roulias D,et al. Dynamic fiber Bragg gratings based health monitoring system of composite aerospacestructures[J]. Acta Astronautica,2011,69(7-8):445-457.

[8] Marioli-Riga Z,GDOUTOS E E. Delamination detection of bonded composite patches for repairing damaged aircraft components by Bragg grating sensors [C]. Italy:11th International Conference of Fracture,2005:5108-5112.

[9] TRUTZEL M N,WAUER K,BETZ D,et al. Smart sensing of aviation

structures with fiber optic Bragg grating sensors [C]. Smart Structures and Materials 2000: Sensory Phenomena and Measurement Instrumentation for Smart Structures and Materials,2000:134-143.

[10] Fernández-López À, MENENDEZ J M, GÜEMES A. Damage detection in a stiffened curved plate by measuring differential strains [C]. 16th International Conference on Composite Materials,2007:1-8.

[11] LENG J S, ASUNDI A. NDE of smart structures using multimode fiber optic vibration sensor[J]. NDT & E International January,2002,35(1):45-51(7).

[12] Rodriguez-Cobo L, Marques A T, López-Higuera J M, et al. New design for temperature-strain discrimination using fiber Bragg gratings embedded in laminated composites[J]. Smart Materials & Structures,2013,22(10):105011.

[13] OGISU T, SHIMANUKI M, KIYOSHIMA S, et al. Development of damage monitoring system for aircraft structure using a PZT actuator/FBG sensor hybrid system[C]. Smart Structures and Materials, International Society for Optics and Photonics,2004:425-436.

[14] SATORI K, IKEDA Y, KUROSAWA Y, et al. Development of small-diameter optical fiber sensors for damage detection in composite laminates[C]. SPIE's 7th Annual International Symposium on Smart Structures and Materials, International Society for Optics and Photonics,2000.

[15] MIZUTANI T, TAKEDA N, TAKAYA H. On-board strain measurement of a cryogenic composite tank mounted on a reusable rocket using FBG sensors [J]. Struct. Health Monitoring,2006,5(3):205-214.

[16] AOKI T. Some of the topics in composites research projects in Japan [C]. Aiaa Journal,2009:2347.

[17] SATORI K, FUKUCHI K, KUROSAWA Y, et al. Polyimide-coated small-diameter optical fiber sensors for embedding in composite laminate structures [J]. Proc. SPIE,2011,4328: 285-294.

[18] TAKEDA S, OKABE Y, YAMAMOTO T, et al. Detection of edge delamination in CFRP laminates under cyclic loading using small-diameter FBG sensors [J]. Comp. Sci. Technol. ,2003,63(13):1885-1894.

[19] TAKEDA S, YAMAMOTO T, OKABE Y, et al. Debond monitoring of composite repair patches using embedded small-diameter FBG sensors [J].

Smart Mater. Struct. ,2007,16:763-770.

[20] TAKEDA S, OKABE Y, TAKEDA N. Delamination detection in CFRP laminates with embedded small diameter fiber Bragg grating sensors [J]. Compos. Part A-Appl. S. ,2002,33(7):971-980.

[21] TAKEDA S,MINAKUCHI S,OKABE Y,et al. Delamination monitoring of laminated composites subjected to low-velocity impact using small diameter FBG sensors[J]. Compos. Part A-Appl. S. ,2005,36(7):903-908.

[22] TAKEDA S, OKABE Y, TAKEDA N. Delamination detection in CFRP laminates with embedded small diameter fiber Bragg grating sensors [J]. Compos. Part A-Appl. S. ,2002,33(7):971-980.

[23] TAKEDA S,OKABE Y,YAMAMOTO T,et al. Detection of edge delamination in CFRP laminates under cyclic loading using small-diameter FBG sensors[J]. Composites Science & Technology,2003,63:1885-1894.

[24] OKABE Y,YASHIRO S,KOSAKA T,et al. Detection of transverse cracks in CFRP composites using embedded fiber Bragg grating sensors[J]. Smart Materials & Structures,2000,9(6):832-838.

[25] OGISU T,SHIMANUKI M,KIYOSHIMA S,et al. Development of damage monitoring system for aircraft structure using a PZT actuator/FBG sensor hybrid system[C]// Smart Structures and Materials. International Society for Optics and Photonics,2004:425-436.

[26] TAKEYA H,OZAKI T,TAKEDA N,et al. Damage detection of advanced grid structure using Multi-Point FBG sensors [C]. Proceedings of SPIE-The International Society for OpticalEngineering,2006,6171:61710D-8.

[27] SHU M,YAMAUCHI I,HIROSE N T Y. Detecting an arrested crack in a Foam-Core sandwich structure using an optical fiber sensor embedded in a crack arrester[J]. Advanced Composite Materials,2011,20(5):419-433.

[28] WADA D, IGAWA H, MURAYAMA H, et al. Signal processing method based on group delay calculation for distributed Bragg wavelength shift in optical frequency domain reflectometry [J]. Optics Express,2014,22(6):6829.

[29] MURAYAMA H,KAGEYAMA K,UZAWA K,et al. Strain monitoring of a single-lap joint with embedded fiber-optic distributed sensors[J]. Structural Health Monitoring,2012,11(3):325-344.

[30] MURAYAMA H, WADA D, IGAWA H. Structural health monitoring by using fiber-optic distributed strain sensors with high spatial resolution [J]. Photonic Sensors, 2013, 3: 355-376.

[31] NING X, MURAYAMA H, KAGEYAMA K, et al. Dynamic strain distribution measurement and crack detection of an adhesive-bonded single-lap joint under cyclic loading using embedded FBG[J]. Smart Materials & Structures, 2014, 23(10): 64-75.

[32] MURAYAMA H, NING X , et al. Dynamic measurement of inside strain distributions in adhesively bonded joints by embedded fiber Bragg grating sensor [C]. 23rd International Conference on Optical Fiber Sensors, 2014. 9157.

[33] RAJAN G, RAMAKRISHNAN M, SEMENOVA Y, et al. Experimental study and analysis of a polymer fiber Bragg grating embedded in a composite material[J]. Journal of Lightwave technology, 2014, 32(9): 1726-1733.

[34] JIANG J F, LIU T, ZHANG Y, et al. Data fusion in multi-parameter measurement of optical fiber sensors system[J]. Proc Spie, 2003, 5260: 516-518.

[35] JIANG J F, LIU T, LIU K, et al. Investigation of peak wavelength detection of fiber Bragg grating with sparse spectral data[J]. Optical Engineering, 2012, 51(3): 194-197.

[36] BAO P Y, YUAN M, DONG S P, et al. Fiber Bragg grating sensor fatigue crack real-time monitoring based on spectrum cross-correlation analysis [J]. Journal of Sound and Vibration, 2013(332): 43-57.

[37] 芦吉云,梁大开,潘晓文.基于准分布式光纤光栅传感器的机翼盒段载荷监测[J].南京航空航天大学学报,2009,41(2):218-221.

[38] 谢怀勤,卢少微,王武娟.埋入CFRP的FBG光纤传感器界面传递特性实验研究[J].材料科学与工艺,2006,14(6):605-607.

[39] 郭艳丽,叶金蕊,张君一,等.FBG传感器在复合材料层合板应变监测中的应用[C].第十五届中国科协年会第17分会场:复合材料与节能减排研讨会论文集,2013.

5 演化算法求解光纤光栅结构参数

从给定的光纤光栅反射谱(或透射谱)出发重构得到光栅的长度、周期、折射率调制深度等参数,是光纤光栅传感应用的前提。例如,在传感领域,从实际测得的反射谱求得应力、温度场对光纤光栅折射率的调制,进而可以计算得到应力或温度分布。同时,在传感器设计时要根据所需的谱线特点,对光栅的结构参数进行调整使其满足特定的要求。这类问题的本质是一个逆问题,这些逆问题的求解是设计和优化光纤光栅的理论基础,对于光纤光栅本身及基于光栅的分布式传感系统的设计具有重要意义,因此成为国内外在光纤传感和通信领域的研究热点之一。本章首先概述光纤光栅参数重构问题的传统理论方法,然后利用差分演化算法分别对均匀和啁啾 FBG 的结构参数进行重构。

5.1 差分演化算法求解光纤光栅结构参数进展

从 20 世纪 90 年代起,学者们陆续提出了各种求解光纤光栅逆问题的方法,如傅里叶变换法[1]、解耦合 Gelfand Levitan Marchenko(GLM) 方程法[2]、时频信号分析法(Time-frequency Signal Analysis)[3-4]、层析算法(Layer-peeling Algorithm)[5] 等。对于弱耦合光栅,其逆问题可以根据一阶波恩近似简化来求光栅反射系数的反傅里叶变换,这就是傅里叶变换法。傅里叶变换法是求解逆问题最简单的方法,但是仅适用于光栅的反射功率比较小的情况,通常光栅的反射率要低于 30% 才能满足波恩近似的条件。解耦合 GLM 方程能够直接得到逆问题的精确解,但是运算相当复杂。Azaña 等人应用时频信号分析技术,从光纤光栅的反射系数出发重构得到了光栅的周期和长度,重构的参数与实验值具有很好的一致性。在此基础上,该作者进一步讨论了这一方法对应力和温度分布的求解。1999 年

Feced等人提出了重构FBG周期的层析算法,也可以有效地求解逆问题。时频信号分析技术和层析算法有一个共同缺陷,即都依赖于复杂的反射谱信息(需要同时考虑幅度谱和相位谱)。另外有些方法只需要用到幅度谱或相位谱即可求解逆问题。例如Huang等人分别从FBG的强度谱[6]和相位谱[7]出发就得到了FBG的应力分布曲线,但是研究仅限于应力分布单调上升或下降的情况。此外,该作者还发展了一种用于求解非单调FBG参数的傅立叶变换方法[8]。

上述方法虽然都能有效求解光纤光栅逆问题,但是存在较大缺陷,如计算复杂,局限性大,依赖于复杂的反射谱信息等。近年来学者们将演化算法引入求解光纤光栅的逆问题,有效克服了上述困难。

演化算法(Evolutionary Algorithm,EA)是模拟自然进化发展起来的一种通用的问题求解方法。由于它采用群体的方式组织搜索,可以同时搜索解空间内的多个区域,特别适合大规模并行计算。在赋予演化计算自组织、自适应、自学习等特征的同时,它不受搜索空间限制性条件(如是否可微、连续性、峰值等)的约束以及不需要其他辅助信息(如导数)的特点,不容易受到随机干扰的影响。这些特点使得演化算法不仅具有较高效率,而且具有简单、易操作和通用性强的特性。早期的演化算法主要有遗传算法(Genetic Algorithm,GA)[9]、进化规划(Evolutionary Programming,EP)[10]、进化策略(Evolution Strategies,ES)[11]、模拟退火法(Simulated Annealing)[12]等。进入20世纪90年代以来,又出现了微粒群优化(Particle Swarm Optimization、PSO)[13]、差分演化(Differential Evolution,DE)[14]、蚁群优化(Ant Colony Optimization,ACO)[15]等。

演化算法求解光纤光栅逆问题的具体步骤是:以目标反射谱(实验测量谱或理论计算谱)为标准,运用演化算法寻找一组参数,根据该参数计算得到的反射谱与目标谱一致,这组参数即为重构的光栅结构参数。对于应力和温度分布传感的情况,求解方法类似。

目前用于光纤光栅逆问题求解的演化算法有遗传算法(Genetic Algorithms,GAs)[16-22]、模拟退火(Simulated Annealing,SA)[23]和自适应模拟退火算法(Adaptive Simulated Annealing,ASA)[24-26]、下山单纯形法(Downhill Simplex Method)[27]、粒子群优化算法(Particle Swarm Optimization Algorithm)[28-29]等。

1998年Skaar和Risvik采用遗传算法综合了FBG参数,并采用二元遗传算法设计制作了用于光通信的FBG滤波器。2001年Cormier等人用实值遗传算法(Real-coded Genetic Algorithm)得到了均匀光栅、啁啾和切趾光栅的参数。2002

年 Casagrande 等人用遗传算法从光纤光栅应力传感器的反射谱出发，逆向得到了应力分布，具体步骤是：首先重构出无应力分布的光栅结构参数，然后以这些参数为基础，在有应力分布时，利用遗传算法重构出理论反射谱（图 5-1）及光栅结构参数，从这些参数即可得到实际的应力分布曲线（图 5-2）。然而该方法仅限于单调的应力分布。2004 年报道了一种从任意应力分布场中 FBG 的反射谱出发，求解 FBG 周期进而得到任意应力分布的方法。该工作设计制作了均匀 FBG 和啁啾 FBG 的组合传感器，得到了任意应力分布下的反射强度谱，然后运用遗传算法求解逆问题得到了施加于 FBG 上的随机应力分布。随后，该小组在 2005 年的一篇报道中又从强度谱出发，运用遗传算法得到了光栅周期、长度、啁啾方向、折射率调制等多个 FBG 参数。重要的是，文中提出的方法成功克服了用两个 FBG 强度谱求解光栅周期时结果不准确的问题。2006 年 Hsu-Chih Cheng 等人将上述方法扩展到四

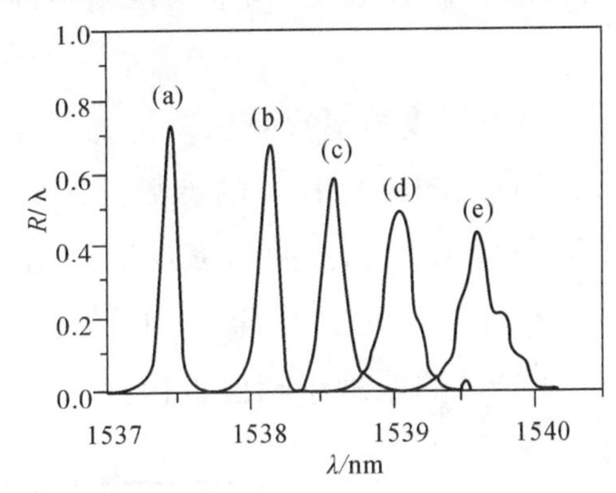

图 5-1　遗传算法重构不同应力分布下光纤光栅的反射谱

(a)0kN；(b)4kN；(c)6kN；(d)8kN；(e)10kN

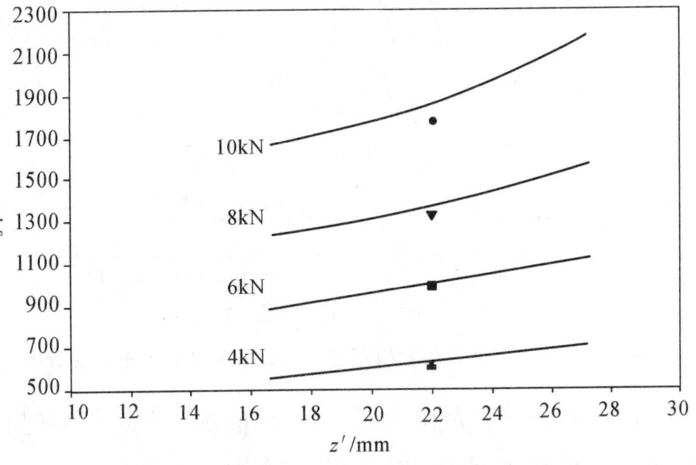

图 5-2　不同应力分布的重构结果

个光纤光栅同时测量任意应力分布和温度分布的情形，利用遗传算法从四个FBGs的反射强度谱出发，同时求逆得到了应力和温度分布。此外，遗传算法还可用于掺铒光纤放大器的设计，用以得到最大增益和带宽值。

利用遗传算法求解光纤光栅逆问题可以满足不同的光纤光栅设计要求。然而，该算法存在两个主要缺陷：(1) 通常需要较长的运行时间；(2) GAs对重构误差或收敛性的控制有限。因此学者们又提出了模拟退火(Simulated Annealing, SA) 和自适应模拟退火(Adaptive Simulated Annealing, ASA) 求解光纤光栅逆问题的方法。

模拟退火与自适应模拟退火算法能够克服上述遗传算法的缺陷。特别是，与遗传算法相比，SA与ASA算法概念简单，所需计算时间短，同时具有很高的精度[30]，而且提供了简单独特的控制收敛度(或重构误差) 的办法，即只需要简单地调节冷却系统。

2003年Po Dong等人提出了模拟退火算法重构光纤参数的方法，运用该算法重构得到了均匀和不均匀(切趾、啁啾)FBGs的参数。ASA也可用于求解光纤光栅的逆问题。学者们从光纤光栅应力传感器的幅度反射谱出发，结合传输矩阵方法和ASA算法得到了应力分布(图5-3)。2004年Shi C Z等人还利用ASA算法从光栅的幅度谱出发实现了光纤光栅的非最小相位重构。

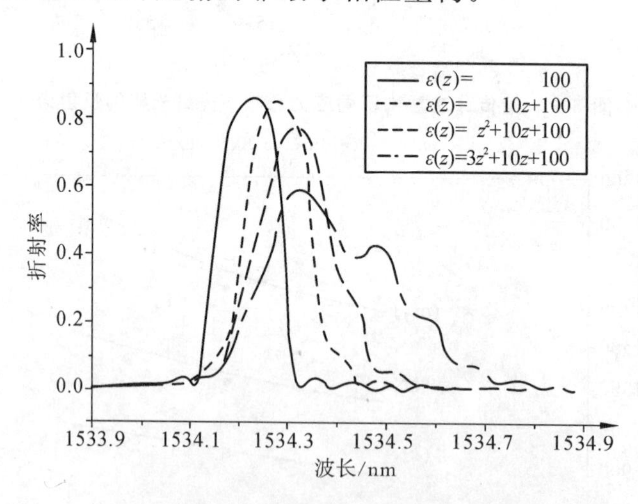

图5-3 模拟退火算法重构不同应力分布下光纤光栅的反射谱

SA和ASA算法仅适用于光栅参数较少的情况，参数较多时计算速度和精确度都会下降。采用下山单纯形算法，Won等人重构了单个啁啾FBG的温度分布。该算法提供了一种寻找局部最优解的有效方法，但是只能在原始出发点附近寻找最优解。近年来其他算法也被用于光栅逆问题的求解，如利用粒子群优化算法进行长周期光栅的设计制作以及一般光栅的逆问题求解等。

演化算法具有概念及计算的简单性、算法的普适性、潜在的并行性、对动态环境的鲁棒性等优点，但是在光纤光栅参数重构的问题求解中还有以下需要改进的地方：① 虽然演化算法计算简单，但是一般需要迭代比较多的步数，不能适应快速分析反射谱的要求。这一缺陷可以在快速演化和并行演化的两个方面加以改进。② 在计算应力分布、温度分布等复杂问题的时候，演化算法需要预估分布的函数形式，而实际上应力和温度分布很多情况下是非线性的，因此演化算法受到一定局限。可以考虑结合人工神经网络等技术，因为人工神经网络的自学习功能可以充分逼近任意复杂的非线性关系。通过这些改进，演化算法在光纤光栅参数重构中会更有效率，更实用。

我们设计了基于 DE 算法的光纤光栅参数重构方法。利用 DE 算法，根据均匀光纤布拉格光栅的目标反射谱构建一组最优参数，利用这组参数计算得到的理论反射谱与目标反射谱之间偏差最小。数值实验表明，差分演化算法收敛速度快，有效地避免了其他算法共有的早熟等缺陷，能迅速达到寻优精度要求，重构出一组最优的光栅参数。

5.2 差分演化算法简介

差分演化(Differential Evolution，DE)是一种基于群体的随机搜索算法。该算法是 Ken Price 和 Rainer Stom 于 1997 年提出的。其主要思想是通过产生基于差异向量的变异个体，然后进行杂交得到实验个体，最后选择较好的个体进入下一代群体。假设当前群体 $p(t)$ 包含 N_p 个定义在 D 维搜索空间上的个体向量 $x_i(t)$，$i=1,2,\cdots,N_p$，其中 N_p 称为群体大小，t 是演化代数。当 $t=0$ 时，群体 $p(0)$ 被随机的初始化覆盖于整个搜索空间。通常情况下，我们使用基于正态分布的随机函数产生 N_P 个个体。DE 通过将群体中的两个个体的差异向量加到第三个个体上来产生新的个体，这种操作称为变异。将变异的个体和当前个体进行混合得到的一个新的个体(称为实验个体)，这种操作被称为杂交。如果实验个体的适应值小于当前个体，就将当前个体替换为实验个体；否则保持当前个体不改变(本书只考虑最小化问题，因此，适应值越小的个体就越好)。这种操作称为选择。下面，我们将分别介绍初始化、变异、杂交和选择四个过程。

(1) 初始化

对于群体初始化，我们采用随机的方法，在问题搜索空间中随机地产生个体 $X_{i,j}(t)$，方法如下：

$$\left.\begin{aligned} X_{i,j}(t) &= X_{\min,j} + \text{rand}_j(0,1)\cdot(X_{\max,j} - X_{\min,j}) \\ i &= 1,2,\cdots,N_p \\ j &= 1,2,\cdots,D \end{aligned}\right\} \quad (5\text{-}1)$$

式中 D—— 问题的规模(维数)；

$\text{rand}_j(0,1)$——[0,1] 区间的满足正态分布的随机数；

$[X_{\min,j}, X_{\max,j}]$—— 问题搜索空间在第 j 维上的边界(定义域)。

(2) 变异

对于每个目标个体向量 $X_i(t)$，$i = 1,2,\cdots,N_p$，按照如下方法产生变异个体 $V_i(t+1)$：

$$\left.\begin{aligned} V_{i,j}(t+1) &= X_{i1,j}(t) + F\cdot(X_{i2,j(t)} - X_{i3,j(t)}) \\ i_1, i_2, i_3 &\in \{1,2,\cdots,N_{\text{p}}\}, \text{且 } i_1 \neq i_2 \neq i_3 \end{aligned}\right\} \quad (5\text{-}2)$$

式中 N_{p}—— 群体大小 N_{p} 必须大于或等于 4；

F—— 控制差异向量$(X_{i2,j(t)} - X_{i3,j(t)})$的参数因子，它通常满足 $F \in [0,2]$。

图 5-4 描述了在二维空间里如何产生变异个体 DE。DE 算法有很多不同的变异策略，而式(5-2) 就是其中最常用的一个策略，称之为 DE/rand/1。除了该变异策略外，还有如下四种策略：

DE/best/1：$V_i(t+1) = X_{\text{best}}(t) + F\cdot[X_{i1}(t) - X_{i2}(t)]$

DE/current-to-best/2：$V_i(t+1) = X_i(t) + F\cdot[X_{\text{best}}(t) - X_i(t)] + F\cdot[X_{i1}(t) - X_{i2}(t)]$

DE/ best/2：$V_i(t+1) = X_{\text{best}}(t) + F\cdot[X_{i1}(t) - X_{i2}(t)] + F\cdot[X_{i3}(t) - X_{i4}(t)]$

DE/rand/2：$V_i(t+1) = X_{i1}(t) + F\cdot[X_{i2}(t) - X_{i3}(t)] + F\cdot[X_{i4}(t) - X_{i5}(t)]$

其中，i_1, i_2, i_3, i_4, i_5 是从当前群体中随机选择的个体的下标，且 $i_1 \neq i_2 \neq i_3 \neq i_4 \neq i_5$。参数 F 决定了差异向量的大小。$X_{\text{best}}(t)$ 是在第 t 代时所找到的具有最好适应值的个体。

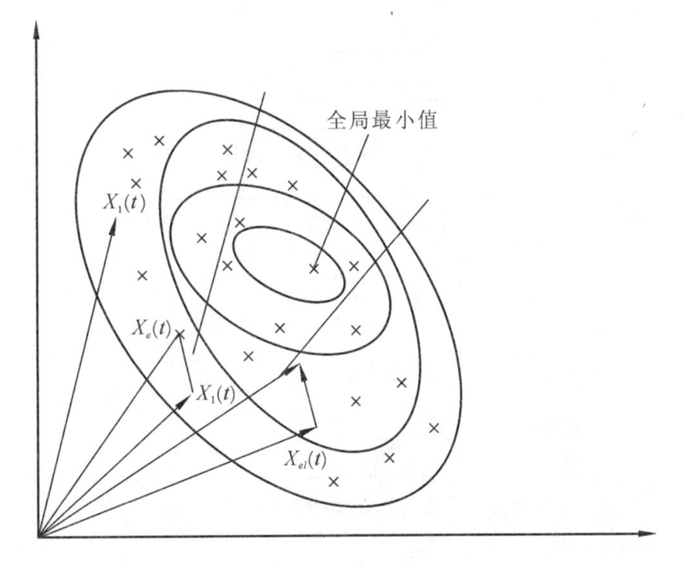

图 5-4 以二维空间为例展示变异个体 $V_i(t+1)$ 的生成

(3) 杂交

为了增加群体的多样性，DE 算法引入了杂交操作产生实验个体。定义实验个体

$$U_i(t+1)=[U_{i,1}(t+1),U_{i,2}(t+1),\cdots,U_{i,D}(t+1)] \tag{5-3}$$

它按照下面公式产生实验个体：

$$U_{i,j}(t+1)=\begin{cases}V_{i,j}(t+1),\text{if} \quad \text{rand}_{j0}<CR \text{ 或 } j=rnbr(i)\\ X_{i,j}(t),\text{其他}\end{cases} \tag{5-4}$$

其中，$j=1,2,D,\cdots,\text{rand}_j()$ 是 $[0,1]$ 的均匀分布的随机数，$CR\in[0,1]$ 是杂交概率，$rnbr(i)\in\{1,2,\cdots,D\}$ 是随机选择的某一维，它保证了至少有一个分量来源于 $V_t(t)$。常用的杂交方式有指数杂交、二进制杂交和二项式杂交。

(4) 选择

DE 算法和其他演化算法一样，也应用了达尔文的适者生存定律，适应值较好的个体进入下一代群体，而适应值较差的个体将被淘汰。在 DE 中，这种适者生存定律表现为贪婪选择策略。即：当实验个体 $U_i(t+1)$ 优于当前个体 $X_i(t)$ 时，$U_i(t+1)$ 被选择进入下一代个体，$X_i(t+1)=U_i(t+1)$，$X_i(t)$ 被淘汰；否则，保持当前个体 $X_i(t)$ 进入下一代群体，$X_i(t+1)=X_i(t)$。

为了清晰地描述 DE 算法的实现方法，图 5-5 给出了 DE 算法的流程图。从图 5-5 中可以看出，DE 算法的结构简单，易于实现，没有复杂的步骤。除了这几个优点外，DE 算法还具有如下特性：

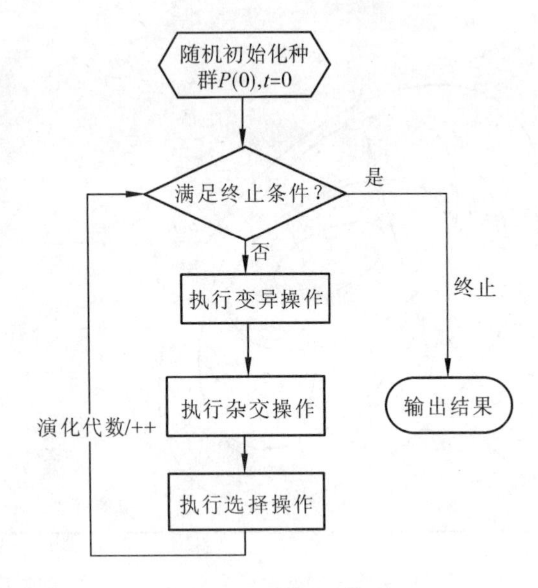

图 5-5 DE 算法流程图

① 它能有效处理非线性、不可微分、多峰的目标函数；

② 具有可并行性，能实现并行处理大规模的问题；

③ 控制参数较少；

④ 具有较好的收敛性，能够收敛到全局最优值。

5.3 差分演化算法求解 FBG 结构参数

利用 DE 算法优化参数的步骤可以简述如下：首先，按种群规模给出随机初始化的个体，并且由给定的适应度函数评估个体的适应值。对于每个个体 $x_G^i, i = I, L, \cdots, N$($G$ 表示目前的群体，N 是群体中个体的总数)，新的个体按下面的过程产生：首先产生 N 个变异的个体 v_{G+1}^i，其中：

$$v_{G+1}^i = x_G^j + F \cdot (x_G^k - x_G^l), j,k,l \in \{1,\cdots,N\}, i \neq j \neq k \neq l \tag{5-5}$$

式中 j,k,l—— 随机整数，满足 $j,k,l \in \{1,\cdots,N\}$ 以及 $i \neq j \neq k \neq l$；

F—— 加权系数两个参数矢量差别的放大倍数。

为了得到更高的分散性，变异的个体 v_{G+1}^i 与 x_G^i 交叉配对，生成子代或实验个体 x_{G+1}^i。x_{G+1}^i 的基因根据交叉系数 CF 遗传自 x_{G+1}^i 和 v_{G+1}^i，CF 决定了多少变异的基因被遗传到下一代。最后，子代被评估，如果其适应值优于其父代则在下一代中替代 x_G^i 进入新的种群；否则保留父代的个体到新的种群。这个过程一直持续到最优条件或终止条件。

单模光纤中前向传播模与后向传播模之间的耦合满足耦合模方程。设 $R(z)$ 和 $S(z)$ 分别表示前向传播模和后向传播模的振幅，则：

$$\frac{\mathrm{d}R(z)}{\mathrm{d}z} = i\sigma R(z) + i\kappa S(z) \cdot \mathrm{e}^{2i\cdot\Delta\beta\cdot z} \tag{5-6}$$

$$\frac{\mathrm{d}S(z)}{\mathrm{d}z} = -i\sigma S(z) - i\kappa R(z) \cdot \mathrm{e}^{-2i\cdot\Delta\beta\cdot z} \tag{5-7}$$

式中 $\kappa = \frac{\pi}{\lambda} \cdot v \cdot \Delta n(z)$；

$\Delta\beta = 2\pi \cdot n_{\mathrm{eff}} \cdot (\frac{1}{\lambda} - \frac{1}{\lambda_{\mathrm{B}}})$ 为失谐量；

$$\sigma = \frac{2\pi}{\lambda} \cdot \Delta n(z)。 \tag{5-8}$$

$$\text{令 } \xi = \Delta\beta + \sigma - \frac{1}{2} \times \frac{\mathrm{d}\varphi(z)}{\mathrm{d}z}$$

$$= 2\pi \cdot n_{\mathrm{eff}} \cdot (\frac{1}{\lambda} - \frac{1}{\lambda_{\mathrm{B}}}) + \frac{2\pi}{\lambda} \cdot \Delta n(z) - \frac{1}{2} \times \frac{\mathrm{d}\varphi(z)}{\mathrm{d}z} \tag{5-9}$$

则 σ 和 ξ 分别表示沿光栅轴向传播的自耦合系数和互耦合系数。

对于均匀光纤 Bragg 光栅，Λ，$\Delta n(z)$ 均为常数，$\frac{\mathrm{d}\varphi}{\mathrm{d}z} = 0$，$\kappa$，$\sigma$ 和 ξ 也是常数。利用边界条件 $R(0) = 1$ 和 $S(L) = 0$（L 为光栅长度）可对式(5-6)、式(5-7)求解，得到光栅强度反射率为：

$$r = \frac{\sinh^2(\sqrt{\kappa^2 - \xi^2} \cdot L)}{\cosh^2(\sqrt{\kappa^2 - \xi^2} \cdot L) - \frac{\xi^2}{\kappa^2}} \qquad \kappa \geqslant \xi \tag{5-10}$$

$$r = \frac{\sin^2(\sqrt{\xi^2 - \kappa^2} \cdot L)}{\frac{\xi^2}{\kappa^2} - \cos^2(\sqrt{\xi^2 - \kappa^2} \cdot L)} \qquad \kappa < \xi \tag{5-11}$$

计算目的是重构得到 L，Λ 和 Δn 这三个参数，计算的关键是确定 κ 和 ξ 的值。

用DE算法可以重构均匀FBG的参数，以验证这一算法的有效性，重构的是 L，Λ 和 Δn 三个光栅参数。重构时设定的精度为 $f_0 = 0.004$，各个参数的搜索空间分别为 $L = 5 \sim 25\mathrm{mm}$，$\Delta n = 0.00001 \sim 0.001$ 和 $\Lambda = 530 \sim 540\mathrm{nm}$，采样点数 $M = 300$。表5-1列出了目标反射谱对应的参数和重构的一组最优参数，以及两者之间的相对误差。误差值说明重构的参数与目标参数非常接近。图5-6是目标反射谱以及重构参数对应的反射谱，两者的适应度函数为 $f = 6.2991 \times 10^{-4}$，可见两条谱线之间偏差非常小，重构的谱线与目标谱线具有很好的一致性。利用该算法，平均只需50次循环即得所需精度的谱。

表 5-1 目标反射谱对应的参数和重构结果

FBG 参数	目标值	重构值	误差
L(mm)	11	11.001	9.1×10^{-5}
dn($\times 10^{-5}$)	2	1.9996	2.0×10^{-4}
Λ(nm)	534	534.0905	1.7×10^{-4}

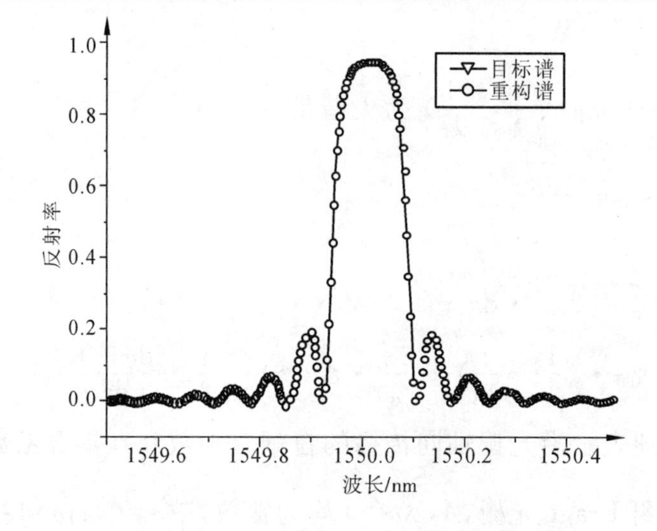

图 5-6 均匀 FBG 的目标反射谱和重构反射谱

由此可见，基于差分演化算法的均匀光纤光栅参数重构方法，在给出具有若干个采样点的光纤光栅目标反射谱的情况下，可以同时对均匀光纤光栅的长度、周期、折射率调制深度等几个物理量进行优化重构。数值实例表明，差分演化算法搜索空间大，计算效率高，得到的参数具有很高的精度，是设计制作均匀光纤光栅的有效方法。

5.4 基于差分演化算法的啁啾光纤光栅参数重构

根据给定的参数运用传输矩阵理论计算出两个线性啁啾光纤光栅的理论反射谱作为目标谱。对应的结构参数为：$L = 10$mm，$\Lambda = 535.6$nm，$\Delta n = 0.0004$，$d\lambda_D/dz$ 分别为 -4(nm/cm) 和 -1(nm/cm)，采样点数为 150。计算得到的理论反射谱与目标谱如图 5-7 所示。

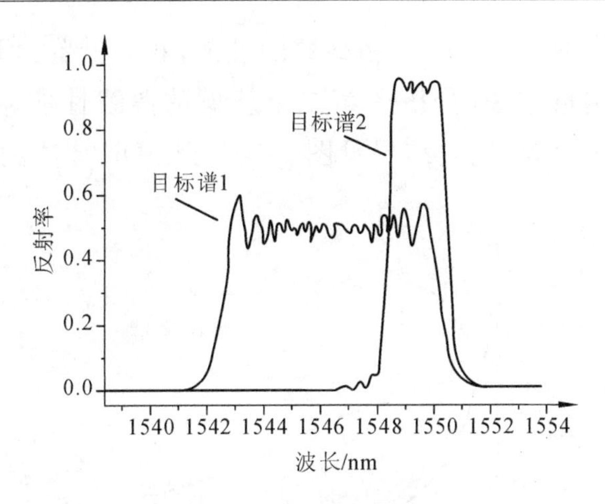

图 5-7 目标反射谱 1、2

然后应用DE算法，根据目标反射谱的特点设定一组参数，由该组参数计算出一个重构谱，计算出该谱与目标谱之间的偏差，然后将偏差与设定的适应度函数值比较。如此反复，直到偏差满足要求为止，对应的参数即为重构结果。整个计算过程在 CPU 为 2.8 GHz，内存为 1GB 的 PC 上完成，以 MATLAB 6.5 编程实现。设定群体个数为 10，误差精度为 10^{-3}，最大迭代步数为 500。两个谱得到最优结果时的迭代步数分别为 210 步和 156 步，用时分别为 93s 和 78s。相应的反射谱和重构的参数如图 5-8、图 5-9 和表 5-2 所示。

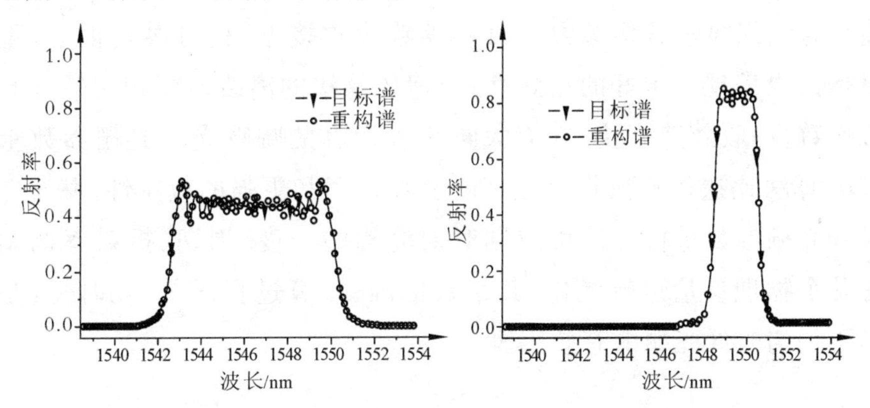

图 5-8 目标反射谱 1 与重构谱　　　图 5-9 目标反射谱 2 与重构谱

表 5-2 目标反射谱 1 与 2 对应的参数和重构结果

参数	光栅 1			光栅 2		
	目标值	重构值	相对误差	目标值	重构值	相对误差
L(mm)	10.0	9.9678	3.2×10^{-3}	10.0	10.0741	7.4×10^{-3}
$\Delta n(\times10^{-4})$	4.0	3.9983	4.2×10^{-4}	4.0	4.0000	0
Λ(nm)	535.6	535.5168	1.5×10^{-4}	535.6	535.8871	5.3×10^{-4}
$d\lambda_D/dz$(nm/cm)	−4.0	−3.9988	3.0×10^{-4}	−1.0	−0.9996	4.0×10^{-4}

为了评价DE算法重构啁啾光栅参数的性能，我们借鉴由DeJong为分析遗传算法性能而提出的定量方法，分析了第二个算例的离线性能，并在同样计算条件下与遗传算法进行了比较。比较结果见图5-10。可见DE算法的收敛速度快于遗传算法。

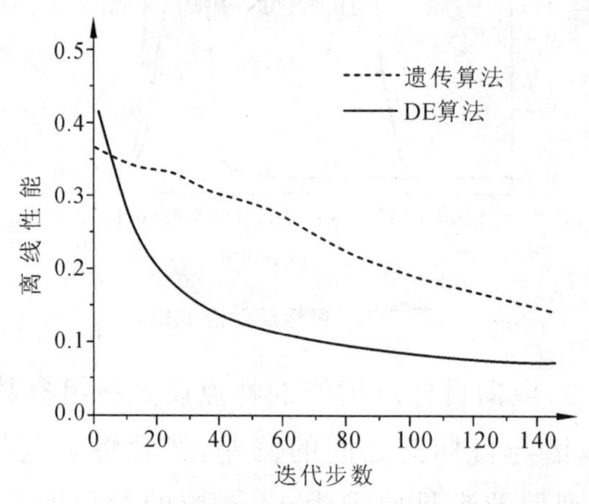

图5-10 DE算法与GA算法重构目标谱线2的离线性能比较

另外，计算过程中采样点以及传输矩阵法中子光栅的分段数对计算时间影响较大，一般采样点取100～200，而分段数取30～50即可得到精确的计算结果。为了节省时间，可以在迭代初期取较小的采样点数和分段数，然后逐渐增加到采样点150，光栅分段数50。

数值计算结果显示重构参数与目标参数非常接近，相对误差很小，重构的反射谱与目标谱也表现了很好的一致性。与遗传算法的离线性能相比较，DE算法需要的迭代次数少，收敛速度快，在有大量矩阵运算的啁啾光纤光栅参数重构这类问题中，DE算法比遗传算法具有更高的计算效率和更强的应用性。基于差分演化算法的光纤光栅参数重构方法可以同时对光栅的长度、周期、折射率调制深度和啁啾度等几个物理参量进行优化，其结果准确、计算过程简单、耗时短，是设计制作均匀和不均匀光纤光栅的有效手段。

5.5 基于差分演化算法的光纤光栅应力分布重构

在传感应用中，通过逆问题求解可以确定光栅应力或温度的分布。逆问题的求解方法引起了国内外学者的广泛兴趣。这里采用DE算法来求解光纤光栅的应力分布这一逆问题。利用该算法重构得到了FBG的线性和非线性应力分布函数，相应的重构反射谱与目标反射谱表现出良好的一致性。数值例子和在线性能分析证明了差分演化算法在FBG逆问题求解中的快速收敛性。

设 $\delta n_{\varepsilon}(z)$ 和 $\varphi_{\varepsilon}(z)$ 分别是应力引起的平均折射率变化和啁啾变化，轴向应力场 $\varepsilon(z)$ 与 $\delta_{\varepsilon}(z)$ 和 $\varphi_{\varepsilon}(z)$ 的关系如下：

$$\delta n_{\varepsilon}(z) = -0.22 n_0 \varepsilon(z)$$

$$\frac{\mathrm{d}\varphi_{\varepsilon}}{\mathrm{d}z} = -\frac{2\pi}{\Lambda}\varepsilon(z) \tag{5-12}$$

假定“交流”折射率变化 $\bar{\delta} n_{\mathrm{eff}}(z)$ 符合高斯线型：

$$\bar{\delta} n_{\mathrm{eff}}(z) = \bar{\delta} n_{\mathrm{eff}} \exp\left[-\frac{4\ln 2(z-L/2)^2}{\rho^2}\right] \tag{5-13}$$

式中 $0 \leqslant z \leqslant L$，$L$ 是光栅长度，$\bar{\delta} n_{\mathrm{eff}}$ 是交流折射率变化的峰值，ρ 是 $\bar{\delta} n_{\mathrm{eff}}(z)$ 曲线的半高宽。

传输矩阵理论是将光栅分成若干个均匀小段，每一小段的长度为 Δz，局部耦合系数 κ 和 ξ 都是常数。第 n 小段的传输矩阵为：

$$F_{\mathrm{n}} = \begin{bmatrix} \cosh(\Omega\cdot\Delta z) - i\dfrac{\xi}{\Omega}\sinh(\Omega\cdot\Delta z) & -i\dfrac{\kappa}{\Omega}\sinh(\Omega\cdot\Delta z) \\ i\dfrac{\kappa}{\Omega}\sinh(\Omega\cdot\Delta z) & \cosh(\Omega\cdot\Delta z) + i\dfrac{\xi}{\Omega}\sinh(\Omega\cdot\Delta z) \end{bmatrix}$$

其中 $\Omega = \sqrt{\kappa^2 - \xi^2}$，$k = \dfrac{\pi}{\lambda}\cdot v\cdot\Delta n(z)$，

$$\xi = 2\pi\cdot n_{\mathrm{eff}}\cdot\left(\frac{1}{\lambda} - \frac{1}{\lambda_B}\right) + \frac{2\pi}{\lambda}\cdot\varepsilon(z) - \frac{1}{2}\times\frac{\mathrm{d}[\varphi+\varphi_{\varepsilon}]}{\mathrm{d}z}。$$

若均匀小段的数目是 M，则 M 段子光栅的总作用矩阵为

$$F = F_{\mathrm{M}}\cdot F_{\mathrm{M-1}}\cdot\cdots F_{\mathrm{n}}\cdot\cdots F_1 = \begin{bmatrix} f_{11} & f_{12} \\ f_{21} & f_{22} \end{bmatrix}，反射系数为 r = \left|\frac{f_{21}}{f_{11}}\right|。$$

对于任意给定的参数 $L, \Lambda_0, \Delta n_{\max}, \rho$ 和 $\varepsilon(z)$ 都可以计算得到其相应的反射谱。

模拟时的光栅结构参数为 $L = 10\mathrm{mm}$，$\Lambda = 529\mathrm{nm}$，$\delta n_{\mathrm{eff}} = 0.0001$ 和 $\rho = 10\mathrm{mm}$，其反射谱见图5-11。假定应力分布满足二次函数形式 $\varepsilon(z) = az^2 + bz + c$，则需要重构的为 a,b,c 三个参数。首先利用传输矩阵法计算出应力下的目标反射谱，然后运用DE算法，在给定的参数变化范围（$\Delta a = 5, \Delta b = 10, \Delta c = 100$）内搜索适合度函数最小的重构反射谱。计算时将光纤光栅分为50个小段，重构了线性$[\varepsilon(z) = 15z + 80]$和非线性$[\varepsilon(z) = 2z^2 + 15z + 80]$应力分布函数。

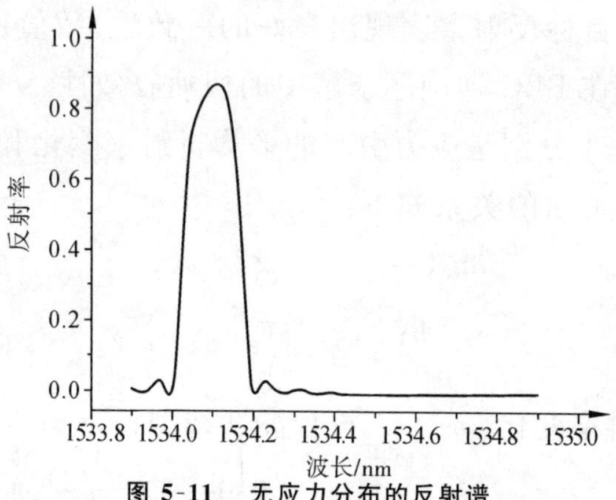

图 5-11 无应力分布的反射谱

图 5-12 是两种应力作用下的目标反射谱及其重构谱，适应度函数值分别为 $f=0.0072$ 和 $f=0.0158$，可见重构谱与目标谱之间偏差非常小。图 5-13 是两种目标应力分布曲线及其重构结果，两者表现出良好的一致性。表 5-3 列出了两种应力分布函数表达式及重构结果，其均方差分别是 0.28 和 1.76，最大误差分别是

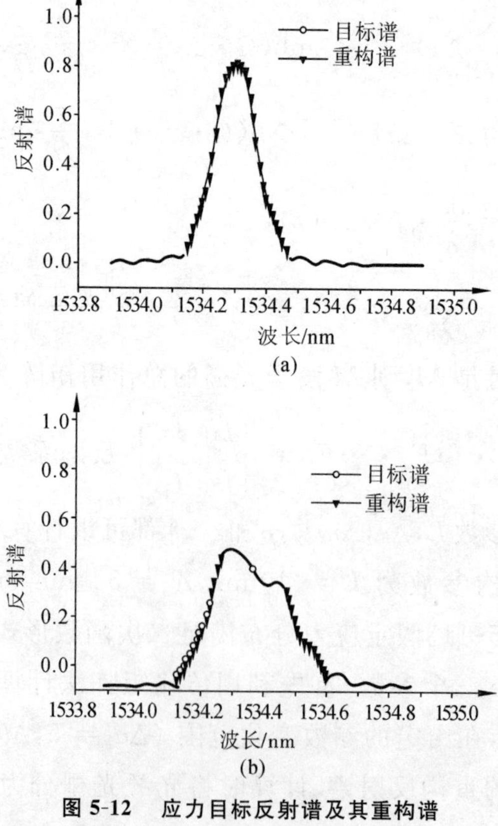

图 5-12 应力目标反射谱及其重构谱

(a) $\varepsilon(z)=15z+80$；(b) $\varepsilon(z)=2z^2+15z+80$

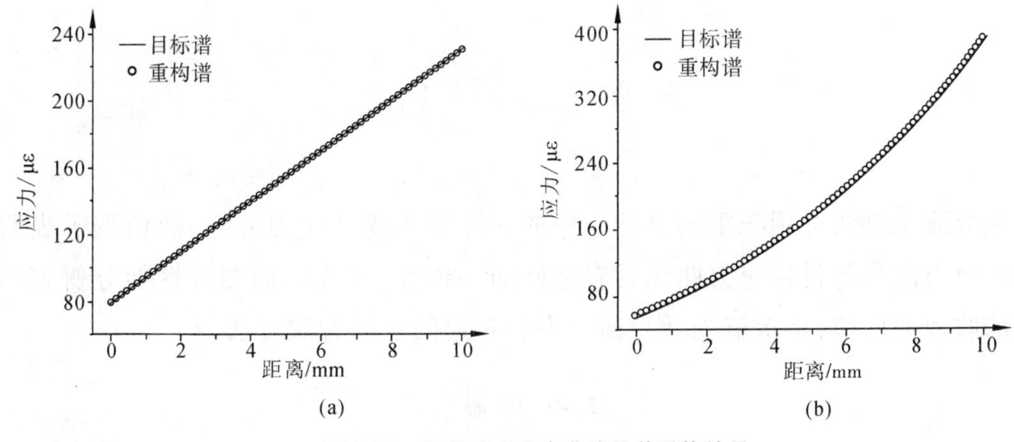

图 5-13　目标应力分布曲线及其重构结果

(a)$\varepsilon(z)=15z+80$;(b)$\varepsilon(z)=2\varepsilon^2+15\varepsilon+80$

0.54 和 4.43。利用该算法，平均只需 50 次循环即可得到满足精度要求的近似解。图 5-14 是 DE 算法重构实例的在线性能分析示意图，可见差分演化算法在求解数值例子的时候收敛得很快，体现了其计算效率。

表 5-3　应力分布函数表达式重构结果

目标应力曲线(με)	重构应力曲线(με)	误差	
		均分差	最大值
$\varepsilon(z)=15z+80$	$\varepsilon(z)=15.0943z+79.5942$	0.28	0.54
$\varepsilon(z)=2z^2+15z+80$	$\varepsilon(z)=2.0823z^2+13.8022z+84.4351$	1.76	4.43

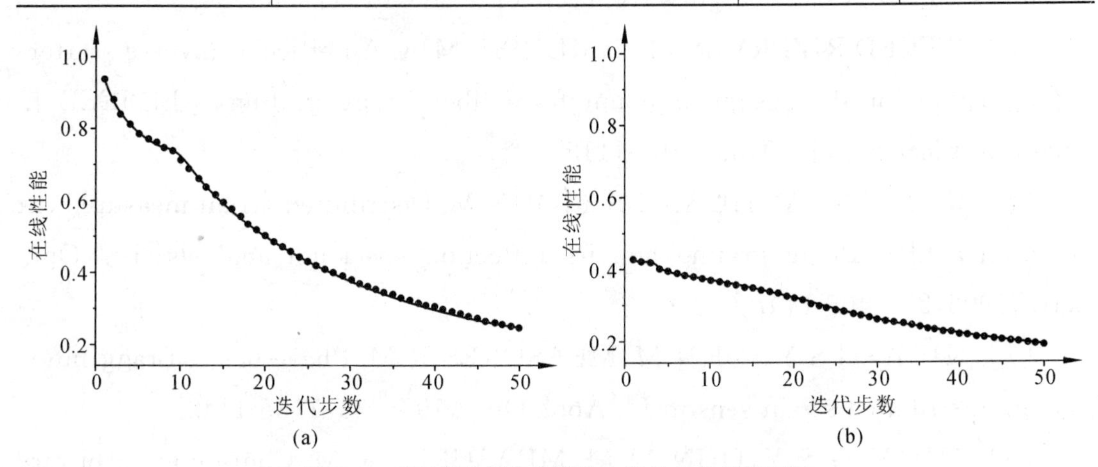

图 5-14　DE 算法重构实例的在线性能分析示意图

5.6 小 结

差分演化算法被用于重构光纤光栅的线性和非线性应力分布。数值例子表明重构的应力曲线与目标应力曲线具有良好的一致性。对算法的在线性能分析表明该算法收敛速度快,是求解光纤光栅应力分布逆问题的有效方法。

参考文献

[1] WINICK K A,ROMAN J E. Design of corrugated waveguide filters by Fourier transform tehniques[J]. IEEE J. Quantum Electron. ,1990,26:1918-1929.

[2] PERAL E,CAPMANY J,MARTI J. Iterative solution to the Gelfan-Levitan-Marchenko coupled equations and application to synthesis of fiber gratings[J]. IEEE J. Quantum Electron. ,1996,32:2078-2084.

[3] MURIEL M A,AZANA J,CARBALLAR A. Fiber grating synthesis by use of time frequency representation[J]. Opt. Lett. ,1998,23:1526-1528.

[4] AZANA J,MURIEL M A,CHEN L R. Fiber Bragg grating period reconstruction using time-frequency signal analysis and application to distributed sensing[J]. IEEE/OSA J. Lightwave Technol. , 2001(19): 646-654.

[5] FECED R,ZERVAS M N,MURIEL M A. An efficient inverse scattering algorithm for the design of nonuniform fiber Bragg gratings [J]. IEEE J. Quantum Electron. ,1999,35:1105-1115.

[6] LEBLANC M,HUANG S Y,OHN M. Distributed strain measurement based on a fiber Bragg grating and its reflection spectrum analysis[J]. Opt. Lett. ,1996,21:1405-1407.

[7] HUANG S Y, OHN M,MEASURES R M. Phase-based Bragg intergrading distributed strain sensor[J]. Appl. Opt. ,1996,35:1135-1142.

[8] HUANG S Y,OHN M M,MEASURES R M. Continuous arbitrary strain profile measurements with fiber Bragg gratings[J]. Smart Mater. Struct. , 1998(7):248-256.

[9] HOLLAND J H. Adaptation in natural and artificial systems[M]. Ann

Arbor:University of Michigan Press,1975.

[10] FOGEL L J, OWENS A J, WALSH M J. Artificial intelligence through simulated evolution[M]. Chichester:John Wiley,1996.

[11] RECHENBERG I. Evolutions strategic: optimierung technischer systeme nach prinzipien der biologischen evolution [M]. Frommann-Holzboog Verlag Stuttgart,1973.

[12] KIRKPATRICK S. Optimization by simulated annealing[J]. Science, 1983,220:671-680.

[13] KENNEDY J, EBERHART R C. Particle swarm optimization [A]. Proc. IEEE Int. Conf. on Neural Networks [C]. Perth, WA, Australia, 1995: 1942-1948.

[14] STORN R. Differential evolution design of an ⅡR-Filter[C]. IEEE Int. Conf. on Evolutionary Computation Nagoya,1996:268-273.

[15] DORIGO M, MANIEZZO V, COLORMI A. The ant system:optimization by a colony of cooperating agents[J]. IEEE Transactions on Systems, Man, and Cybernetics-Part B,1996,26(1):1-13.

[16] SKAAR J, RISVIK K M. A genetic algorithm for the inverse problem in synthesis of fiber gratings[J]. Lightwave Technol. ,1998(16):1928-1932.

[17] CORMIER G, BOUDREAU R, THERIAULT S. Real-coded genetic algorithm for Bragg grating parameter synthesis [J]. Opt. Soc. Am. B,2001 (18): 1771-1776.

[18] CASAGRANDE F, CRESPI P, GRASSI A M. From the reflected spectrum to the properties of a FBG:A genetic algorithm approach with application to distributed strain sensing[J]. Appl. Opt. ,2002, 41:5238-5244.

[19] CHENG H C, LO Y L. Arbitrary strain distribution measurement using a genetic algorithm approach and two FBG intensity spectra[J]. Opt. Commun. ,2004,239:323-332.

[20] CHENG H C, LO Y L. The synthesis of multiple parameters of arbitrary FBGs via a genetic algorithm and two thermally-modulated intensity spectra [J]. IEEE/OSA J. Lightwave Technol. ,2005,23:2158-2168.

[21] CHENG H C, HUANG J F, LO Y L. Simultaneous strain and temper-

ature distribution sensing using two fiber Bragg grating pairs and a genetic algorithm[J]. Optical Fiber Technology,2006,12:340-349.

[22] CHENG C,XU Z J,SUI C H. A novel design method:a genetic algorithm applied to an erbium-doped fiber amplifier[J]. Opt. Comm.,2003 227:371-382.

[23] DONG P,AZANA J,KIRK A G. Synthesis of fiber Bragg grating parameters from reflectivity by means of a simulated annealing algorithm[J]. Opt. Comm.,2003,228:303-308

[24] SHI C Z,ZENG N,ZHANG M. Adaptive simulated annealing algorithm for the fiber Bragg grating distributed strain sensing [J]. Opt. Comm.,2003,226:167-173.

[25] LI M,ZENG N,SHI C Z. Fiber Bragg grating distributed strain sensing—an adaptive simulated annealing algorithm approach[J]. Opt. Laser Tech.,2005,37:454-457.

[26] SHI C Z,ZENG N,ZHANG M. Non-minimum phase reconstruction from amplitude data in fiber Bragg gratings using an adaptive simulated annealing algorithm[J]. Opt. Laser Tech.,2004,36:259-264.

[27] WON P C,LENG J,LAI Y. Distributed temperature sensing using a chirped fiber Bragg grating[J]. Meas. Sci. Technol.,2004 (15):1501-1505.

[28] LIU Y M,YU Z Y,YANG H B. Numerical optimization and simulation to wavelength-division multiplexing isolation filter consisted of two identical long period fiber grating[J]. Opt. Comm.,2005,246:367-372.

[29] 刘玉敏,俞重远,张建忠.粒子群优化算法用于光纤布拉格光栅综合问题的研究[J].激光杂志,2005,26:69-70.

[30] MAHFOUD S W,GOLDBERG D E. Parallel recombinative simulated annealing:A genetic algorithm[J]. Parallel Comput.,1995,21:1-28.

6 光纤光栅传感信号分析与处理

在过去的十年中，光纤布拉格光栅温度传感器以其灵敏度高、体积小、质量轻、抗电磁干扰、分布式传感能力强等优点在实际中得到了广泛的应用[1]。然而，普通的光纤光栅温度传感器只能在相对较低的温度(低于 300 ℃)下应用，因而其应用推广受到限制[2]。为了克服这一限制，有学者发展了掺锡和载氢的特种光纤光栅，可以承受超过 24h 的 800℃ 高温和 5h 的900℃ 高温[3-5]。但其光谱被冗余噪声污染，光谱线类型严重失真，降低了这种新型传感器的检测精度[6]。

确定普通和特种 FBG 传感器的波峰值是 FBG 传感的关键。使用传统的峰值检测方法，如频谱相关技术[7]、数字匹配滤波器[8]、质心检测算法[9]，在实验室环境下其检测精度一般为 1 ～ 10pm，其信噪比相对合理。然而，在实际应用领域中，由于不适当的嵌入、应变或环境影响导致多余的噪声和明显的光谱失真，波峰检测误差变得非常大[10]。在这种情况下，噪声抑制和曲线拟合对峰值位置的精确定位具有重要意义。在噪声抑制方面，小波滤波器是一种最为突出的技术，在信号处理和图像处理领域有广泛的应用。对于曲线拟合，将反射光谱拟合为高斯型，这是一种最接近于光纤光栅的反射谱，它有利于波峰的检测。

掺锡、载氢的 FBG 传感器可用于温度高达 800℃ 的高温传感器，但较低信号-噪声比和光谱失真会导致波峰监测精度不够理想。对小波滤波器和高斯曲线进行拟合并联合应用，可以提高这种新型传感器的波长检测精度。利用小波滤波器抑制光纤光栅反射光谱中的噪声污染，不同的小波函数和分解层数的降低噪声效率是通过计算去噪信号的信噪比进行评估的。然后将去噪信号与高斯分布进行拟合，并将拟合优度与那些没有小波去噪而获得的信号进行比较。仿真和实验结果表明，小波滤波器和高斯曲线拟合的联合应用是一种很有前途的方法，它可提高光纤光栅高温传感器的波峰检测精度，本章将详细介绍该方法。本章将使用小波滤波器和高斯曲线拟合来提高掺锡、载氢的 FBG 高温传感器的波峰检测精度。首先，用小波滤波来降低反射谱的噪声，然后利用高斯曲线拟合确定降噪后信号的波峰。

6.1 小波滤波原理

6.1.1 基本概念

小波变换是一种变尺度时频分析方法，在时频两域都具有表征信号局部特征的能力，是一种窗口大小固定不变，但其形状可改变，时间窗和频率窗都可以改变的时频局部化分析方法。即在低频部分具有较高的频率分辨率和较低的时间分辨率，在高频部分具有较高的时间分辨率和较低的频率分辨率，特别适合分析奇异信号，并能分辨奇异信号的大小。

小波变换(Wavelet Transform)是依据数字图像的离散分布特征和人体眼睛的视觉特征用不同的压缩方法来处理数字图像信号的。利用小波变换原理对数字图像的子带进行分解，对多余的时域空间进行清除，同时，图像的能量集中在小波分解的子带图像与视频编码和子带的能量集中特性相对较低的子带，压缩性能好、压缩比高。图像被分解成多分辨率表示的完整子带信号，每个分量都有不同的频率和空间取向，所以处理非平衡源复杂图像信号时，小波变换的优势得以凸显，克服了傅里叶分析方法的诸多不足，分解后的信号与人的视觉特点更加契合。因此，小波变换是目前为止找到的一种能反映图像信号内在统计特性和与人的视觉特点相契合的分析方法和表征工具。小波变换是现代图像压缩技术中最为先进的技术之一。小波变换是平移母小波函数 $\psi(t)$ 获取时间信息，缩放母小波函数 $\psi(t)$ 的宽度来获取频率特征，对函数 $f(t)$ 积分，函数的区间为 $f(t)=L^2(R)$，则积分后连续小波变换的公式为：

$$W_f(a,b) \leqslant f(t)$$

$$\psi_{a,b}(t) \geqslant |a|^{-1/2}\int_R f(t)\,\bar{\psi}(\frac{t-b}{a})\mathrm{d}t \tag{6-1}$$

式(6-1)中函数 $|a|^{-1/2}\psi(\frac{t-b}{a})$ 是母小波 $\psi(t)$ 的缩放宽度 a 与平移宽度 b 的伸缩，$\bar{\psi}(\frac{t-b}{a})$ 为 $\psi(\frac{t-b}{a})$ 的复共轭，a 表示尺度参数，在一定意义上 $1/a$ 对应于频率

$\overline{\omega}$，b 表示时间参数，反应小波在时间上的移动。同傅里叶变换一样，小波变换也是一种积分变换，我们把 $W_f(a,b)$ 定义为小波变换系数。两者对比，傅里叶变换是把一个数字图像信号分解成各种频率的正弦函数和余弦函数，傅里叶变换的基函数是正弦函数。这种变换函数只有频率分辨率，而没有时间分辨率，可以确切地知道包含哪些频率的信号，但这些信号什么时候出现却无法确定。而小波变换则是把一个数字图像信号分解成一组小波，这些小波都是经过平移和缩放后的原始小波，小波变换的基函数是小波，某些函数的基函数可以用小波的方式来实现。

6.1.2　小波变换中常用的三个基本概念

(1) 连续小波变换

连续小波变换可以用以下公式来表示：

$$C(scale, position) = \int_{-\infty}^{+\infty} f(t)\psi(scale, position, t)\mathrm{d}t \tag{6-2}$$

上式表示小波变换是信号函数 $f(t)$ 与被缩放和平移的小波函数 ψ 之积，并对该积在整个信号区间内求积分。

(2) 离散小波变换

离散小波变换是对基本小波的尺度和平移进行离散化。在图像处理中，常采用二进小波作为小波变换函数，即使用 2 的整数次幂进行划分。

6.1.3　小波变换的特点及重要性质

傅里叶变换具有很强的频域定位或频率局域化能力，而小波变换具备很好的时频变换特性，是连续不同尺度上信号的桥梁。因此，小波变换具有多尺度分辨率分解特性，这是其他变换不可替代的。小波变换具有以下重要性质：

(1) 小波可在不同标准尺度下进行压缩分解，同时能将不同分辨率的图像呈现；

(2) 小波系数的空间分辨率与分解级成反比；

(3) 小波变换能呈现出时间和空间特性；

(4) 小波变换具有很强的处理奇异信号的能力；

(5) 小波变换可以分解到各个不同方向上，与人眼适应光强刺激的方向选择相适应。

6.2 小波滤波降噪

通过计算机仿真，验证了小波滤波和高斯曲线拟合技术在FBG高温传感器中的应用效果。在仿真过程中，设FBG的理想反射光谱 $S_i(\lambda)$ 为高斯分布[11]：

$$S_i(\lambda) = A\exp\left[-2\left(\frac{\lambda-\lambda_c}{w}\right)\right] \tag{6-3}$$

式中 A—— 在布拉格波长处的最大反射率；

w—— 光谱半宽度。

由光电探测器检测到的光谱可以被写为：

$$I_i(\lambda) = \frac{I_0 S_i(\lambda)}{4} = \frac{I_0 A\exp\{-2[(\lambda-\lambda_c)/w]^2\}}{4} \tag{6-4}$$

其中 I_0 是光源的初始强度，1/4 是由于 3-dB 耦合器造成的。当系统中有白高斯噪声时，例如，光源或环境的噪声，光探测器中的光强除理想的信号 $I_i(\lambda)$ 之外，还将有一个噪声项 $I_n(\lambda)$，总信号为

$$I_c(\lambda) = I_i(\lambda) + I_n(\lambda) \tag{6-5}$$

这将导致波长检测误差，降低传感器的测量精度。因此有必要进行降噪，以提高检测精度，在分析、去噪、信号和影像压缩等方面，小波滤波应用较为广泛[12]。小波变换将信号分解成一组基函数，在小波变换的基础上，基函数可以从一个单一的基本小波（通常称为母小波）或通过扩大和翻译一小波母函数获得，类似于傅里叶变换分析[13]。小波变换也将信号映射到另一个域，即时间尺度（频率）域。然而，傅里叶变换试图将具有微小和突变特点的信息转变成宽频信号。小波转换表示在较短时间间隔里的瞬态和关于时间和规模分布的非定态信号。因此，小波转换更适合用于分析瞬态、非周期信号[14]。小波变换的原理在数学上可以描述如下[15]：

$$C(a,b) = \int x(t)\psi_{a,b}^{*}(t)\mathrm{d}t \tag{6-6}$$

* 代表共轭复数，a 是比例因子，b 是转换系数，小波 $\psi_{a,b}(t)$ 是通过缩放和转变母小波而形成的，如下式：

$$\psi_{a,b}(t) = \frac{1}{\sqrt{a}}\psi\left(\frac{t-b}{a}\right) \tag{6-7}$$

$\sqrt{a}$ 是不同区域能量归一化不可缺少的因素。

小波函数与信号分解级次的选择是实现小波转换的关键，为了检验不同小波与分解级次的噪声抑制效率，采用不同级次的 sym，bior，dB，haar，coif，dmey 小波对含噪 FBG 及反射谱进行了降噪处理。FBG 的布拉格波长 λ_c 为 1303. 0nm，光谱从 1298nm 到 1308nm 的 672 个采样点采样，信噪比值为 52. 0881 的噪声信号是利用 MATLAB 程序实现的，未去噪和去噪的 FBG 反射谱如图 6-1 所示。

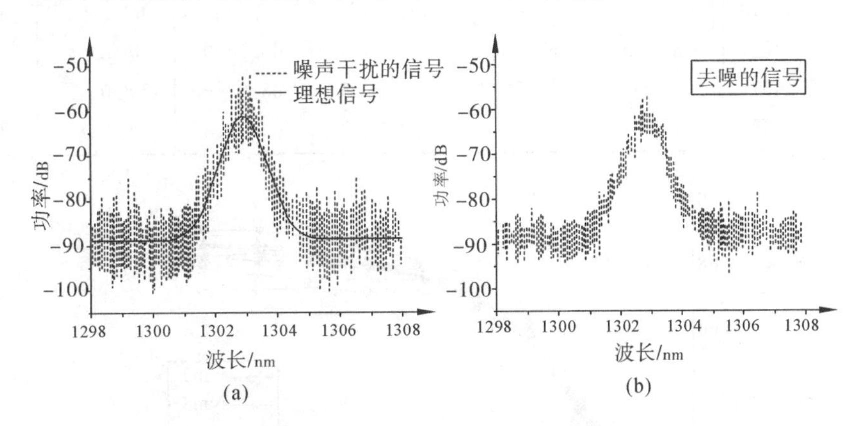

图 6-1　未去噪的 FBG 反射谱及其理想曲线和去噪后的 FBG 反射谱

(a) 未去噪的 FBG 反射谱及其理想曲线；(b) 去噪后的 FBG 反射谱

为了评价降噪效果，分别对含噪信号的信噪比（SNR_c）和降噪信号的信噪比（SNR_d）进行计算：

$$SNR_c = 10 \times \ln \frac{\sum_N I_i^2}{\sum_N (I_i - I_c)^2} \tag{6-8}$$

$$SNR_d = 10 \times \ln \frac{\sum_N I_i^2}{\sum_N (I_i - I_d)^2} \tag{6-9}$$

I_i 表示理想的高斯曲线，I_c 表示降噪前的信号，I_d 表示降噪后的信号，N 是数据点的数目。首先以 sym 小波为例。表 6-1 和图 6-2 给出了不同 sym 小波降噪后的信号信噪比值。

表 6-1 不同 sym 小波降噪后的信号 SNR 值

level	sym2	sym3	sym4	sym5	sym6	sym7	sym8
1	60.0496	60.0833	60.0767	60.0069	60.0532	60.1270	60.0361
2	63.3752	63.3020	63.3688	63.4428	63.7123	63.4195	63.4267
3	65.6275	65.7599	65.7485	65.7167	66.0614	65.7226	65.9216
4	66.5859	67.1328	67.1676	66.8529	67.4924	66.9385	67.1446
5	67.1246	67.5421	67.6839	67.4289	67.9593	67.5367	67.5649
6	67.0731	67.7708	68.0092	67.5352	68.3781	67.8891	68.0018
7	67.1975	68.1726	68.3901	67.4368	68.7899	68.0454	68.4156
8	67.1664	68.2865	68.5046	67.5725	68.9399	68.0560	68.5654
9	67.1969	68.2294	68.5970	67.7248	69.0078	68.2311	68.6009

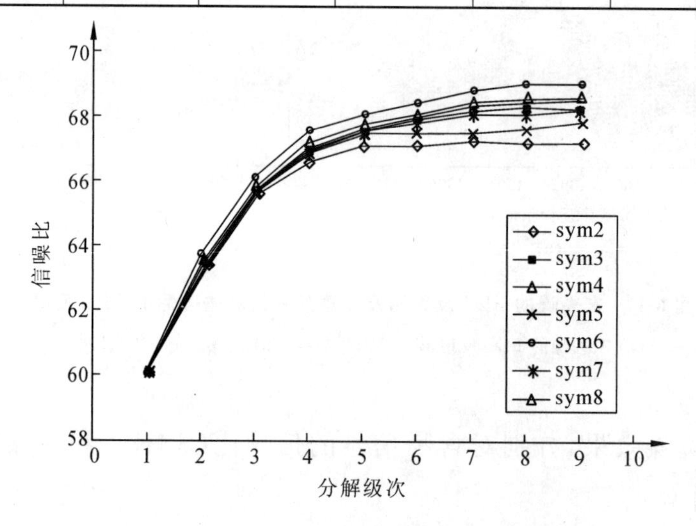

图 6-2 不同 sym 小波降噪后的信号 SNR 值

结果表明，当分解级次小于 6 时，噪声抑制效果随着分解级次的增加而显著提高。在分解级次为 6 时信噪比相比分解级次为 1 时提高了 12% ～ 15%。然而，当级次进一步从 7 增加到 9 时，信号信噪比变化不大，其波动仅为 2%。可见，对于 sym 小波，分解级次对降噪效果有决定性影响，尤其是在 1 ～ 6 的级次区间，其中级次为 6 时降噪效果最好，信噪比值明显增加。当级次进一步从 7 增加至 9 时，信噪比值几乎保持不变。而在每个分解级次上，不同的小波函数得到的信噪比值非常接近，说明相对于小波函数，分解级次对降噪效果影响更为显著。图 6-3 中的最大信噪比是通过 dmey 小波第 9 级（表 6-2）分解级次获得的，因此，这个小波函数和分解级次被用于抑制下文实验光谱中的噪声。

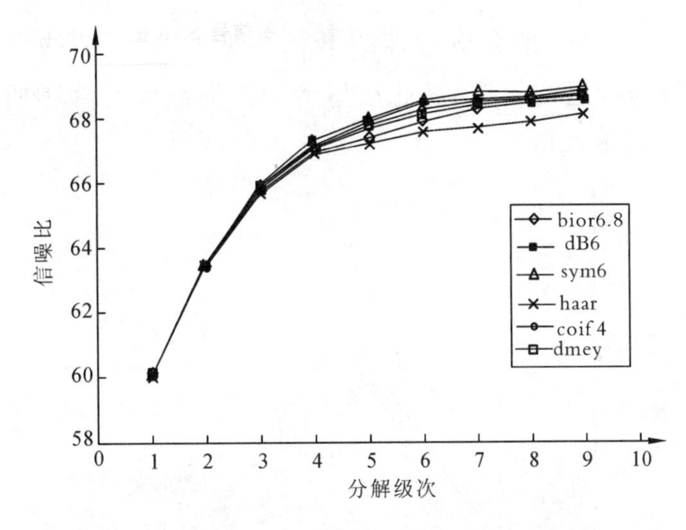

图 6-3　不同类型小波降噪后信号的 SNR 值随滤波级次的变化

表 6-2　不同类型小波降噪不同级次后信号的 SNR 值

level	bior6. 8	dB6	sym6	haar	coif4	dmey
1	60. 1638	60. 1118	60. 0532	60. 2247	60. 0708	60. 0744
2	63. 6681	63. 5347	63. 7123	63. 6811	63. 4672	63. 5916
3	65. 9341	66. 1826	66. 0614	65. 7984	65. 9453	65. 8276
4	67. 0983	67. 4487	67. 4924	66. 9771	67. 1198	67. 2887
5	67. 5085	68. 1054	67. 9593	67. 2765	67. 7739	67. 9815
6	67. 9725	68. 5266	68. 3781	67. 6949	68. 2004	68. 6634
7	68. 3906	68. 6211	68. 7899	67. 8146	68. 5197	68. 8640
8	68. 5674	68. 5872	68. 9399	67. 9961	68. 6530	68. 8490
9	68. 6026	68. 5924	69. 0078	68. 1798	68. 7471	69. 0674

6.3　高斯拟合寻峰

如前所述，FBG 温度传感器的精度在很大程度上取决于反射或透射光谱中心波长取值的精度。在实际应用领域，FBG 传感器被嵌入或固定在复合材料结构表面上，由于一些原因，如应变梯度、不正确嵌入、不规则应力分布或环境温度波动等因素，极易造成 FBG 光谱失真，导致解调过程中波峰位置的不确定性[16]。图 6-4 为自制的掺锡、载氢 FBG 高温传感器原始反射光谱与小波降噪谱，降噪后信噪比明显提高，但是谱型仍存在扭曲。这将导致波峰值定位的不准确。这种不确定性可以通过将降噪谱拟合成特殊的形状而避免。高斯曲线形状本质上具有与 FBG 反射谱最为接近的轮廓,因此这里运用高斯线性对降噪后的信号进行拟合。高斯函数拟合如下式所示:

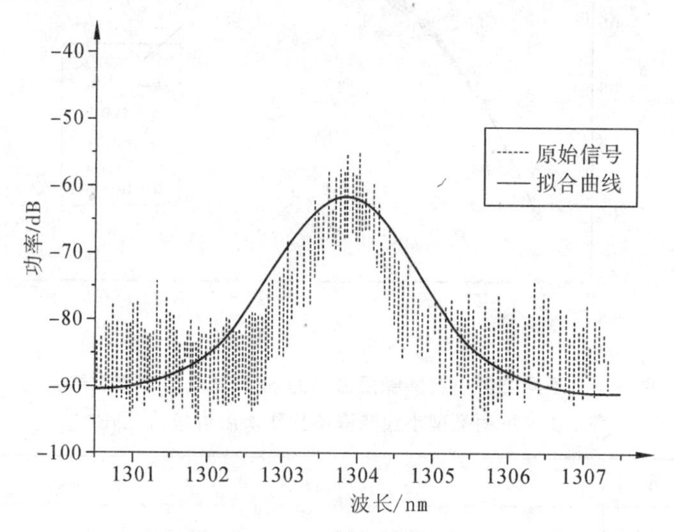

图 6-4 掺锡、载氢的 FBG 高温传感器原始反射光谱及降噪谱

$$y = y_0 + A\exp\left[-2(\frac{\lambda - \lambda_c}{w^2})^2\right] \tag{6-10}$$

其中,y_0 是降噪后的信号,y 是拟合曲线,λ_c 为中心波长。当 y 和 y_0 之间的均方误差最小时,最优拟合曲线得以确定。

6.4 结果分析

FBG 高温传感实验系统如图 6-5 所示。首先,将掺锡的 SiO_2 纤维放置在 9.7 MPa 的氢环境下 53d,将调零相位掩模板暴露在 93mJ/ 脉冲、频率 30Hz 的 KrF 激光中 17min,使光纤得以处理,然后将光栅写入处理后的光纤中,然后 FBG 传感器被放进高温炉中,其温度由热电偶记录。用光谱仪记录 FBG 传感器的反射光谱。

首先利用分解级次为 9 的 dmey 小波将原始信号降噪,然后进行高斯曲线拟合。为了便于比较,对未经降噪的信号也直接进行了高斯拟合,结果列于表 6-3。对于高斯曲线拟合,卡方检验统计量、残差平方和、校正决定系数、中心峰值 λ_c 的标准偏差这四个关键指标可用来评估整体的拟合度。当卡方检验统计量、残差平方

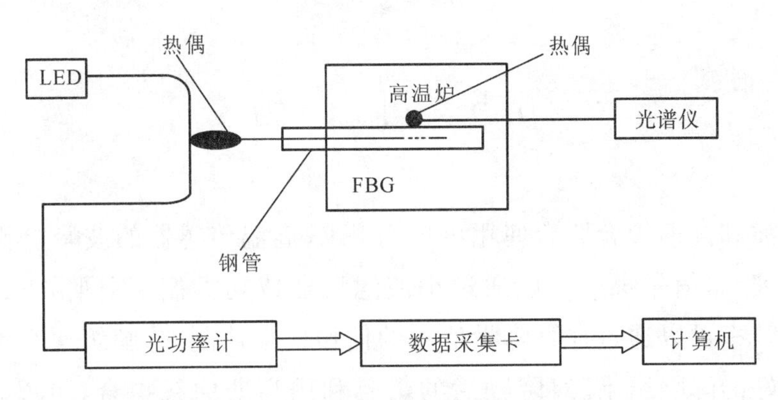

图 6-5 FBG 高温传感系统示意图

和、中心峰值 λ_c 的标准偏差这三个因素都变小，校正决定系数变大时，可获得更好的拟合结果。从表 6-3 中可以发现，高斯拟合中降噪后的卡方检验统计量和残差平方和比未降噪的小；当信号在 700℃ 和 800℃ 时，卡方检验统计量分别下降了 74.3% 和 56.8%（残差平方和的减小与其相同）。由于小波降噪，在这两个温度点处，λ_c 的标准误差分别为 50% 和 31.3%。对于校正决定系数这一指标，降噪使该参数从 0.819 增大到 0.941（700℃），800℃ 时则从 0.792 增大到 0.893，这表明在拟合曲线和原始信号之间有更好的匹配程度。因此，小波降噪后，高斯拟合精度可以大大提高，其原因是小波降噪在很大程度上削弱了噪声对曲线拟合的影响，特别对于我们实验中 FBG 高温传感器信号较差信噪比的信号。

表 6-3 小波变换前后高斯曲线拟合结果对比

误差	700℃		800℃	
	降噪后再高斯拟合	只高斯拟合	降噪后再高斯拟合	只高斯拟合
卡方检验统计量	5.087	19.781	16.481	38.217
残差平方和	2584.440	10048.89	6839.763	15860.085
校正决定系数	0.941	0.819	0.893	0.792
λ_c 标准偏差	0.007	0.014	0.011	0.016
λ_c	1304.089	1304.088	1304.924	1304.927

6.5 小　结

小波滤波和高斯拟合联合使用可提高FBG高温传感器的波峰检测精度。仿真和实验结果表明，信号噪声可以通过小波滤波器成功抑制，不同分解级次的小波函数的降噪效率可以通过计算降噪信号的信噪比来估测。分解级次为9的dmey小波给出了最好的降噪结果。对降噪后的信号利用高斯曲线拟合，可以精确得到峰值波长。这对提高FBG高温传感器的测量精度有重要意义。

参考文献

[1] WANG C, SCHERRER S T. Fiber ringdown pressure sensors[J]. Opt. Lett.,2004,29 (4):352-354.

[2] BAKER S R,ROURKE H N,BAKER V, et al. Thermal decay of fiber Bragg gratings written in boron and germanium codoped silica fiber [J]. Lightwave Technol.,1997,15:1470-1477.

[3] SHEN Y,SUN T, GRATTAN K T V,et al. Highly photosensitive Sb/Er/Ge codoped silica fiber for fiber Bragg grating (FBG) writing with strong high-temperature sustainability[J]. Opt. Lett.,2003,28: 2025-2027.

[4] SHEN Y, HE J, SUN T,et al. High temperature sustainability of strong FBGs written into Sb/Ge co-doped photosensitive fiber-decay mechanisms involved during annealing[J]. Opt. Lett.,2004,29:554-556.

[5] SHEN Y, XIA J,SUN T,et al. Photosensitive indium doped germano-silica fiber for strong FBGs with high temperature sustainability[J]. IEEE Photon. Technol. Lett.,2004,16:1319-1321.

[6] LI J Y,ZHANG D S,TANG X,et al. Thermal decay characteristic of fiber Bragg gratings written into Sn doped fibers loaded hydrogen and a novel encapsulation method [C]. Proceedings of SPIE—The International Society for Optical Engineering,vol. 7656,no. PART 1,2010.

[7] GONG J M, CHAN C C,JIN W,et al. Optical fiber sensors [C]. Conference Technical Digest,2002,1:155.

[8] CHAN C C,GONG J M,SHI C Z,et al. Improving measurement accuracy of fiber Bragg grating sensor using digital matched filter[J]. Sens. Actuators,2003,104(1):19-24.

[9] EZBIRI A,MUNOZ A,KANELLOPOULOS S E,et al. IEEE Colloq Proceedings of IEE Colloquium on Optical Techniques for SMART Structures and Structural Monitoring (OTSMARTSSM'97)[C]. 1997,33:5/1-5/6.

[10] BJERKAN L, HJELME D R,JOHANNESSEN K. Bragg grating sensor demodulation scheme using semiconductor laser for measuring slamming forces of marine vehicle models [C]. Proc. 11th Int. Conf. Optical Fiber Sensors, 1996:236-239.

[11] CHAN C C, JIN W,DEMOKAN M S. Enhancement of measurement accuracy in fiber Bragg grating sensors by using digital signal processing[C]. Opt. Laser Technol. ,1999(31):299-307.

[12] RAO R M,BOGARDIKAR A S. Wavelet transforms:introduction to theory and applications[B]. Addison-Wesley Longman Inc. ,1998.

[13] BRIGHAM E O. The fast Fourier transform and its applications[M]. Prentice Hall Englewood Cliffs,1988.

[14] RIOUL O,VETTERLI M. Wavelets and signal processing[C]. IEEE Signal Process. Mag. ,1991,8 (4):14-38.

[15] CHAN C C,NI N,SUN J. Improving the detection accuracy in fiber Bragg grating sensors by using a wavelet filter [J]. Optoelectron. Adv. Mater. , 2007,9 (8):2376-2379.

[16] CHANG C C, JOHNSON G A, VOHRA S T. Effects of fiber Bragg grating spectrum distortion on scanning Fabry-Perot and fiber interferometer based wavelength shift detection schemes[J]. Technical Digest of the 13th Optical Fiber Sensors Conference,IEEE,1999:141-144.

7 复合材料 FBG 温度应力特性研究

复合材料是由两种或两种以上具有不同物理、化学性质的材料，以微观、宏观等不同的结构尺度与层次，经过复杂的空间组合而形成的一个材料系统[1]。复合材料（特别是玻璃纤维、碳纤维等复合材料）是一种具有非常强生命力的材料，与金属材料相比，复合材料抗疲劳性更强、质量更轻、耐腐蚀性更好、强度质量比更高，具有无可比拟的优势，因而很快得到广泛的应用[2-4]。由于复合材料成分组成较复杂，并不是单质材料，有必要了解其拉伸应变和机械强度。光纤传感器尺寸小，质量轻，再结合自身材质良好的亲和性和材料的兼容性，在复合材料测试领域具有良好的应用前景，本节主要针对光纤光栅粘贴到复合材料板上测量其拉伸应变。

7.1 测 量 原 理

FBG 的中心波长 λ_B、光纤的纤芯有效折射率 n_{eff} 以及 FBG 的光栅周期 Λ 满足如下方程[5]：

$$\lambda_B = 2\Lambda n_{eff} = 2\,\Lambda(\varepsilon,T)\cdot n_{eff}(\varepsilon,T) \tag{7-1}$$

对式(7-1) 两边参量分别微分处理后得到：

$$\begin{aligned}\Delta\lambda_B &= 2\Lambda(\varepsilon,T)\left(\frac{\partial n_{eff}}{\partial\varepsilon}\Delta\varepsilon+\frac{\partial n_{eff}}{\partial T}\Delta T\right)+2n_{eff}(\varepsilon T)\left(\frac{\partial\Lambda}{\partial\varepsilon}\Delta\varepsilon+\frac{\partial\Lambda}{\partial T}\Delta T\right)\\ &= \lambda_B\left(\frac{1}{n_{eff}}\frac{\partial n_{eff}}{\partial\varepsilon}\Delta\varepsilon+\frac{1}{n_{eff}}\frac{\partial n_{eff}}{\partial T}\Delta T\right)+\lambda_B\left(\frac{1}{\Lambda}\frac{\partial\Lambda}{\partial\varepsilon}\Delta\varepsilon+\frac{1}{\Lambda}\frac{\partial\Lambda}{\partial T}\Delta T\right)\end{aligned} \tag{7-2}$$

化简式(7-2) 后可以得到：

$$\frac{\Delta\lambda_B}{\lambda_B} = \left(\frac{1}{n_{eff}}\frac{\partial n_{eff}}{\partial\varepsilon}+\frac{1}{\Lambda}\frac{\partial\Lambda}{\partial\varepsilon}\right)\Delta\varepsilon+\left(\frac{1}{n_{eff}}\frac{\partial n_{eff}}{\partial_T}+\frac{1}{\Lambda}\frac{\partial\Lambda}{\partial_T}\right)\Delta T \tag{7-3}$$

同时假定 α 和 ξ 分别表示光纤的平均热膨胀系数和热光系数，光纤光栅的热膨

胀系数定义为光纤纤芯模的有效折射率出现的相应变化,则可以得到:

$$\alpha = \frac{1}{\Lambda}\frac{\partial \Lambda}{\partial \varepsilon} \tag{7-4}$$

$$\xi = \frac{1}{n_{\text{eff}}}\frac{\partial n_{\text{eff}}}{\partial \varepsilon} \tag{7-5}$$

同时定义光纤的有效弹光系数为:

$$p_e = n_{\text{eff}}^2[p_{12} - \nu(p_{11} + p_{12})] \tag{7-6}$$

ν 为泊松比,p_{11} 和 p_{12} 为应变张量。

即可得到 FBG 中心波长随外界温度和应变变化的关系式:

$$\frac{\Delta\lambda_B}{\lambda_B} = (1 - p_e) + (\alpha + \xi)\Delta T \tag{7-7}$$

p_e 为光纤的有效弹光系数,α 和 ξ 分别表示光纤的平均热膨胀系数和热光系数。由上式可知 p_e、α、ξ 三者与光纤本身的组成材料有关,FBG 可波长变化感知外界应变和温度。测量时保证温度在较小范围内变化,以降低外界温度变化对 FBG 中心波长的影响,凸显复合材料在外界拉力作用下产生的应变以及由此产生的 FBG 中心波长变化[6-8]。

7.2 FBG 传感器的封装

图 7-1 示出了 FBG 传感器封装示意图。

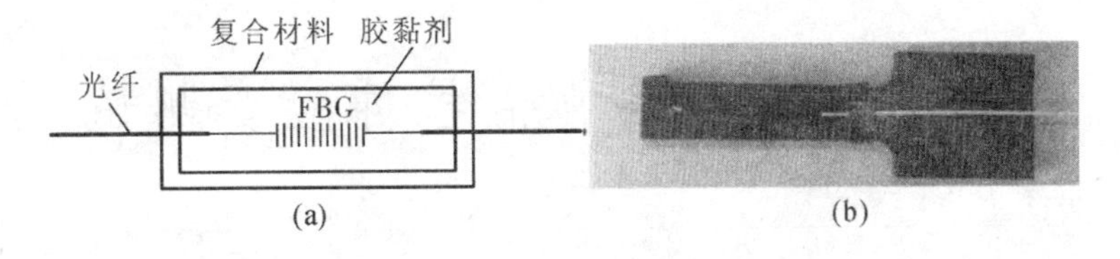

图 7-1 FBG 传感器封装示意图

(a)FBG 封装示意图;(b)FBG 封装实物图

封装过程如下,由于待封装光栅区域(长度 2cm)没有涂敷层,直接利用酒精清洗裸光纤光栅部分和两端的部分光纤;在复合材料板相应的粘贴位置用砂纸十字形打磨,增加胶黏剂的附着性,并用酒精清洗;用铅笔画出打磨区域上待涂胶黏剂的区域(呈矩形);用胶带将光纤光栅两端的涂敷光纤部分粘贴到相应标记的复合材料打磨的区域的相应位置,在胶带部分对其画线且光纤要始终保持平直状态，画线区域的四边都要粘贴胶带，且画线区域位于胶带内侧，重复贴胶带直至3层；在整个粘贴区域(即为胶带内侧区域)均匀地涂敷上胶黏剂，胶黏剂配比后搅拌均匀且涂敷适量(通常为3层胶带的厚度，即与胶带平行)以保证光纤光栅和复合材料的有效粘接，并用牙签水平刷平以避免涂敷不均引起的封装缺陷。这里，画出的粘贴区域长度为中间段的光栅所处位置的裸光纤及其两端一小段保留涂敷层的光纤的长度，宽度为1cm左右，且光栅位于中间位置。

上述封装方式将光纤光栅传感器直接粘贴于主体复合材料表面，当复合材料受到外界影响时，复合材料的变形通过胶黏剂传递到光纤光栅传感器，使光纤光栅受到应力，从而使光纤光栅中心波长发生改变，以此测得所需要测量的外界物理因素。

由于胶黏剂将光纤光栅固定在复合材料上，故需要考虑FBG传感器的涂敷层所带来的应变传递效率，应变传递效率将直接影响到FBG传感器的效率和可靠性，许多研究者进行了这方面的研究[6-9]。他们在不同的载荷下，改变不同的因素，如涂敷层刚度、横向应变、温度以及光纤和基体的相容性等，都得到了和引伸计或电阻应变片相一致的结果。Mrad等人[9]把光纤光栅传感器贴在试件的表面上，测试了循环载荷作用下光纤光栅传感器的可靠性、耐久性和疲劳寿命，证实其具有良好的性能。

采用的胶黏剂为DG-4胶黏剂，其主要成分为改性环氧树脂，室温下24h固化(4h可表干)，或者60℃条件下3～4h固化，A组分与B组分可按1∶1进行配比，耐温－196～＋120℃，其特点是热稳定性好、黏结力强、应变传递效率高。

7.3 复合材料常温拉伸应变测试

复合材料常温拉伸应变测试所使用的材料为T-700型碳纤维复合材料单向板、DG-4胶黏剂，光纤布拉格光栅中心波长为1545nm和1551nm，利用微机控制拉伸实验机。

7.3.1 异侧粘贴实验

将T-700型碳纤维复合材料板加工成图7-2所示的试件。将试件两端用砂纸打磨平整(左右两边分别沿 45°角方向打磨,方便胶黏剂粘贴铝块),用酒精擦拭打磨面,用 DG-4 胶黏剂 A 组分和 B 组分按 1∶1 比例混合好涂抹在打磨面上,将铝块粘贴在复合材料板同侧的打磨区域,将试件中部按上述方法打磨成一个 2cm×1cm 的长方形区域。用配比好的 DG-4 胶黏剂将中心波长为 1545nm 的光栅粘贴在打磨区域的中间,如图 7-1 所示。胶黏剂在常温下放置 48h,待胶黏剂固化后,将光纤光栅和跳线连接起来,使用微机控制拉伸实验机进行拉伸实验,如图 7-3 所示。记录各个拉力值下的 FBG 波长,重复三次实验。拉力与波长数据如表 7-1 与图 7-4 所示。

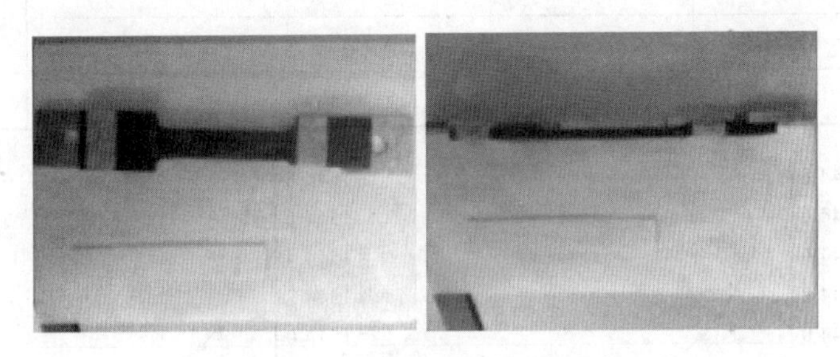

图 7-2　异侧粘贴试件

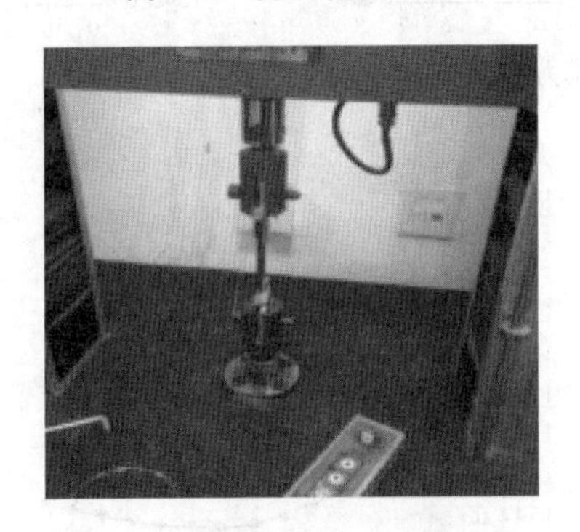

图 7-3　异侧粘贴试件拉伸实验装置图

表 7-1　异侧粘贴三次加载实验结果

第一次加载		第二次加载		第三次加载	
荷载 F(kN)	波长 λ(nm)	荷载 F(kN)	波长 λ(nm)	荷载 F(kN)	波长 λ(nm)
0.12	1544.7485	0.10	1544.7525	0.12	1544.7403
0.56	1544.4248	0.51	1544.4308	0.52	1544.4115
1.02	1544.2474	1.00	1544.1869	1.01	1544.1497
1.50	1544.1066	1.51	1544.1052	1.52	1544.0705
2.02	1544.0052	1.98	1544.0486	2.04	1544.0298
2.52	1543.9223	2.51	1544.0008	2.53	1543.9985
2.99	1543.8626	3.50	1543.9590	3.04	1543.9818

续表 7-1

第一次加载		第二次加载		第三次加载	
荷载 F(kN)	波长 λ(nm)	荷载 F(kN)	波长 λ(nm)	荷载 F(kN)	波长 λ(nm)
3.52	1543.8178	4.00	1543.9580	3.55	1543.9760
3.98	1543.784	4.50	1543.9618	4.04	1543.9771
4.51	1543.7615	5.04	1543.9734	4.53	1543.9833
5.02	1543.7502	5.52	1543.9883	5.05	1543.9938
5.48	1543.7483	6.02	1544.0077	5.55	1544.0078
5.98	1543.7541	6.50	1544.0157	6.06	1544.0232
6.43	1543.7631	—	—	6.53	1544.0418
6.96	1543.778	—	—	—	—

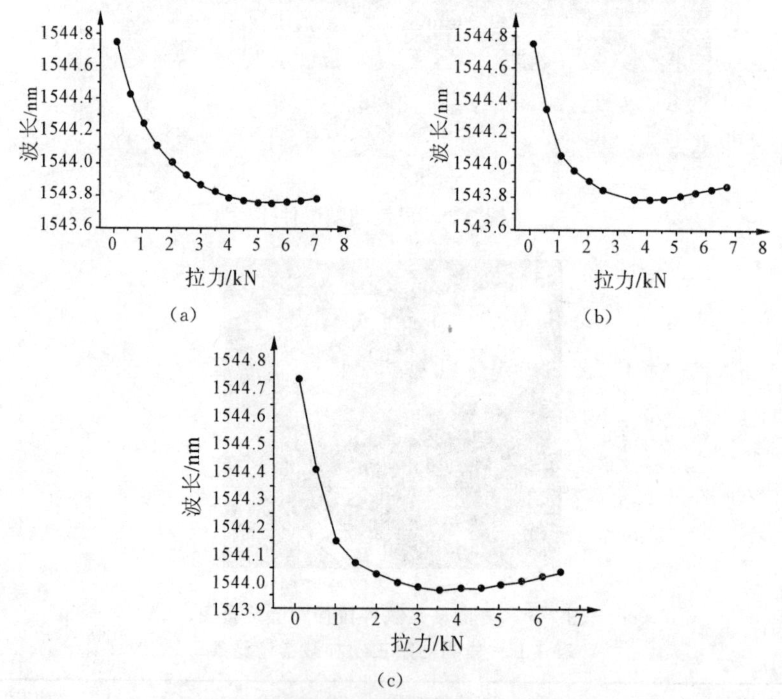

图 7-4 异侧粘贴三次加载波长-载荷曲线

(a) 第一次加载；(b) 第二次加载；(c) 第三次加载

通过上述三组实验数据可知，随着加载在 T-700 碳纤维复合材料单向板的两端的拉力增大，粘贴在其表面的光纤光栅中反射的波长经解调仪捕捉到的数据先减小后增大。其原因是：将铝件粘贴在复合材料的一侧，而将光栅粘贴在异侧，在拉伸时，会导致复合材料单向板纵向应变不均匀，与铝件同侧的光栅应变较大，导致其对另一侧有所挤压，产生挤压应变，故波长先减小。随着拉力逐渐增大，两侧应变相对均匀，波长又逐渐增大。

7.3.2 同侧粘贴实验

鉴于异侧粘贴组的实验结果和猜想，接下来改变光栅粘贴位置，将光栅和铝片粘贴在复合材料同侧，以检验上述猜想得是否正确。重复上述实验三次，记录拉伸时的拉力和解调仪中的波长，实验结果如表 7-2 与图 7-5 所示。随着拉力的增大，拉伸应变增大，FBG 中心波长增大，验证了前文的猜想，即随着拉力的增大，粘贴铝试件的一侧为拉伸应变。随着拉力的增大，应变增大，且应变变化较均匀（散点图中，拉力增大时，各点越趋近于一条直线上），故 FBG 中心波长的增大也较为均匀。波长与拉力的线性度较好。

表 7-2 同侧粘贴三次加载实验结果

第一次加载		第二次加载		第三次加载	
荷载 F(kN)	波长 λ(nm)	荷载 F(kN)	波长 λ(nm)	荷载 F(kN)	波长 λ(nm)
0.12	1550.7899	0.12	1550.7873	0.13	1550.7969
0.53	1551.2189	0.51	1551.2248	0.51	1551.2195
1.02	1551.6203	1.00	1551.6245	1.01	1551.6256
1.50	1551.8539	1.51	1551.9115	2.00	1552.0922
2.02	1552.0532	2.01	1552.0951	2.53	1552.2753
2.55	1552.2341	2.51	1552.2620	3.00	1552.5980
3.03	1552.3975	3.00	1552.4200	3.55	1552.5980
3.50	1552.5513	3.58	1552.6005	4.00	1552.8350
4.06	1552.7092	4.00	1552.7181	4.50	1552.8350
4.50	1552.8280	4.51	1552.8442	5.05	1552.9638
5.02	1552.9600	5.01	1552.9622	5.52	1553.0714
5.50	1553.0670	5.52	1553.0768	6.00	1553.1745
6.02	1553.1871	6.00	1553.1823	6.53	1553.2871
6.48	1553.2893	6.50	1553.2915	—	—

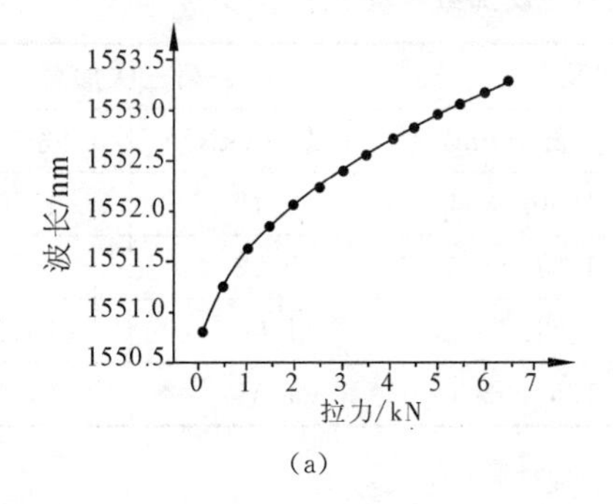

(a)

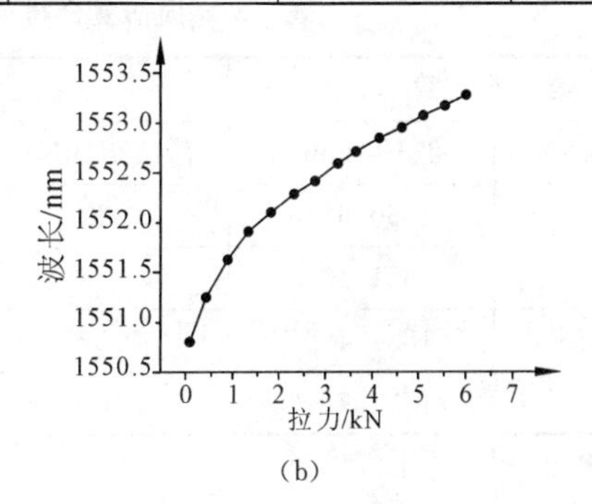

(b)

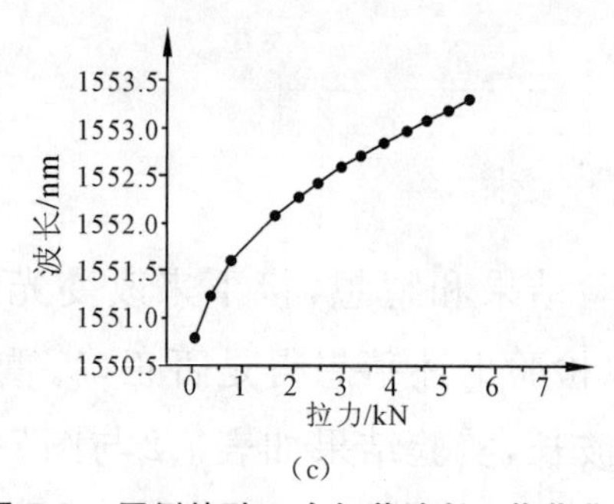

图 7-5 同侧粘贴三次加载波长-载荷曲线

(a) 第一次加载；(b) 第二次加载；(c) 第三次加载

7.3.3 复合材料损伤实验

在同侧粘贴组基础上在碳纤维单向板上钻一个直径为3mm的小孔，且孔和所粘贴的光栅在一条线上，如图 7-6 所示，重复上述加载实验，结果如表 7-3 与图 7-7 所示。将碳纤维单向板钻孔以后，与上一组实验结果相比，在相同的荷载条件下，光纤光栅反射的中心波长整体较小，故而可推测粘贴光栅的部位应变较小，原因是拉伸时导致应变不均匀分布，孔周围应变较大，其他部位应变较小，故在相同的拉力条件下，FBG 反射的中心波长较上一组实验结果偏小。

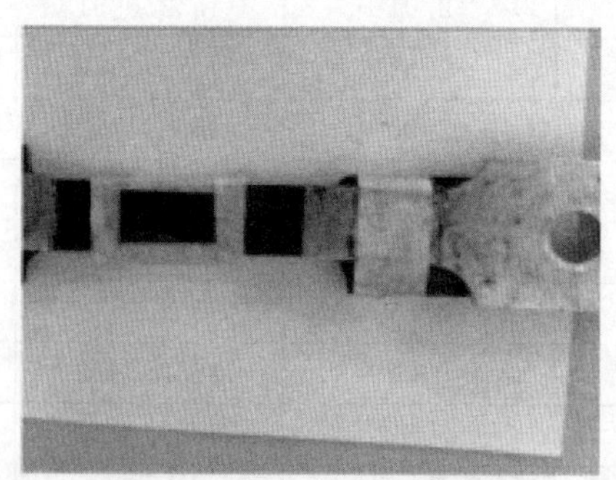

图 7-6 损伤复合材料试件

表 7-3 损伤复合材料试件三次加载实验结果

第一次加载		第二次加载		第三次加载	
荷载 F(kN)	波长 λ(nm)	荷载 F(kN)	波长 λ(nm)	荷载 F(kN)	波长 λ(nm)
0.10	1550.6815	0.12	1550.6834	0.12	1550.6862
0.54	1551.1095	0.52	1551.0813	0.52	1551.0746
1.00	1551.4660	1.52	1551.7640	1.00	1551.4717
1.50	1551.7820	2.02	1552.0201	1.51	1551.7842

续表 7-3

第一次加载		第二次加载		第三次加载	
荷载 F(kN)	波长 λ(nm)	荷载 F(kN)	波长 λ(nm)	荷载 F(kN)	波长 λ(nm)
2.00	1552.0434	2.52	1552.2141	2.03	1552.0426
2.52	1552.2396	3.00	1552.3652	2.52	1552.2140
3.00	1552.4043	3.53	1552.5163	3.00	1552.3682
3.50	1552.5452	4.02	1552.6465	3.53	1552.5192
4.00	1552.6605	4.52	1552.7680	4.02	1552.6480
4.50	1552.7754	5.00	1552.8967	4.50	1552.7767
5.00	1552.9055	5.52	1552.9982	5.00	1552.9119
5.50	1552.9964	6.06	1553.1052	5.52	1553.0463
6.00	1553.1086	6.52	1553.2192	6.02	1553.1386
6.50	1553.2241	—	—	6.52	1553.2480

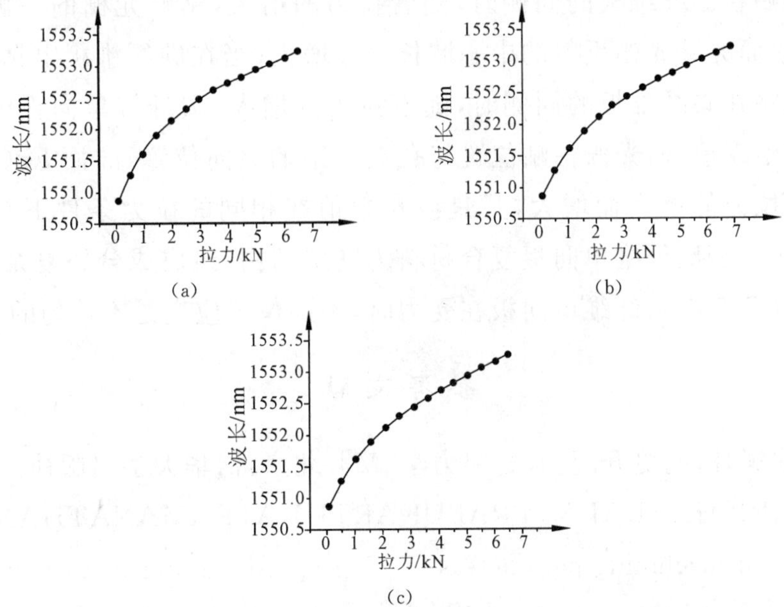

图 7-7　损伤复合材料试件三次加载波长－载荷曲线

(a) 第一次加载；(b) 第二次加载；(c) 第三次加载

7.4　结果分析

(1) 铝片粘贴位置和材料的固有属性使 T-700 碳纤维复合材料单向板在拉伸

时不同位置应变会有所不同,导致测量结果有所偏差。

(2)FBG 中心波长不仅受应力的影响还受温度的影响,虽然每次都是在常温下进行实验,但环境温度会略有不同,导致中心波长有所不同。

(3) 实验设备的固有误差影响。如拉伸实验机显示的拉力和实际拉力会有所偏差;用 DG-4 胶黏剂粘贴光栅时,存在应变传递的问题,可能造成误差[10,11]。

7.5 小 结

通过上述实验,可以初步了解 T-700 碳纤维单向板在受力时的应变情况。当铝件和光栅粘贴在碳纤维单向板的异侧时,随着拉力的增大,粘贴光栅的一侧先产生挤压应变后产生拉伸应变,故而光纤光栅反射的中心波长先减小后增大;当铝件和光栅粘贴在碳纤维板的同侧时,随着拉力的增大,粘贴光栅的一侧一直产生拉伸应变,故而光纤光栅反射的中心波长一直增大;当在碳纤维板上钻孔以后,铝件和光栅粘贴在碳纤维板的同侧时,随着拉力的增大,碳纤维单向板中孔附近会产生应变集中现象,而光栅粘贴位置与孔有一定的纵向位置,故而 FBG 反射的中心波长随着拉力的增大而增大,只是波长数值在相同的拉力条件下较没钻孔时小。由于 T-700 型碳纤维单向板复合材料为铺层结构,组成成分较复杂,显示出各向异性,所以 T-700 碳纤维单向板在受力时,不同位置应变是不均匀的。

参 考 文 献

[1] 沈观林,胡更开.复合材料力学[M].北京:清华大学出版社,2006.

[2] KRISHNARAJ V, PRABUKARTHI A, RAMANATHAN A, et al. Optimization of machining parameters at hing speed drilling of carbon fiber reinforced plastic (CFRP) laminates[J]. Composites Part B: Engineering, 2012, 43(4):1791-1799.

[3] TODOROKI A. Monitoring of electric conductance and delamination of CFRP using multiple electric potential measurements[J]. Advanced Composite Materials, 2014, 23(2):179-193.

[4] TRIAS D, GARCIA R, COSTA J, et al. Quality control of CFRP by means of digital image processing and statistical point pattern analysis[J]. Com-

posites Science and Technology,2007,67(11):2439-2466.

[5] KERSEY A. Multiplexed Bragg grating fiber sensors[C]. Temperature and Strain Sensor:Sixth Optical Fiber Sensor Conference. Paris,Franeer Springer,1989:536-531.

[6] 周广东,李宏男,任亮,等.光纤光栅传感器应变传递影响参数研究[J].工程力学,2007,24(6):169-173.

[7] 薛泽利,吕国辉.光纤光栅应变传感器表面粘贴工艺研究[J].哈尔滨师范大学自然科学学报,2011,27(1):29-32.

[8] 田石柱,张国庆,王大鹏.表面式光纤布拉格光栅传感器应变传递机理的研究[J].中国激光,2014,41(8):145-150.

[9] GUO H,XIAO G,MRAD N,et al. Simultaneous interrogation of a hybrid FBG/LPG sensor pair using a monolithically integrated echelle diffractive grating[J]. Journal of Lightwave Technology,2009,27(12):2100-2104.

[10] TRUTZEL M N,WAUER K,BETZ D,et al. Smart sensing of aviation structures with fiber optic Bragg grating sensors[C]//SPIE's 7th Annual International Symposium on Smart Structures and Materials. International Society for Optics and Photonics,2000:134-143.

[11] BROOK A C,MARK E F,SIDNEY G A,et al. Use of 3000 Bragg grating strain sensors distributed on four eight-meter optical fibers during static load tests of a composite structure[J]. Proceedings of SPIE-The International Society for Optical Engineering,2001:4332

8 CFRP悬臂梁振动性能FBG研究

纤维增强复合材料的振动阻尼机理与普通金属和合金材料是不同的。普通金属和合金材料均是各向同性，振动阻尼性能与材料整体力学性能有关。而碳纤维增强复合材料为非均质材料，其振动阻尼分别与基体和纤维自身的黏弹性阻尼、纤维/基体界面相阻尼、复合材料微结构损伤导致的摩擦阻尼、局部应力集中的非线性黏弹性阻尼等因素密切相关[1]。随着复合材料应用的不断发展，其在使用过程中不可避免地会受到各种振动作用，研究复合材料的振动性能对复合材料的使用及维护具有重要意义，因此对于复合材料的振动性能研究越来越受关注。近年来，国内外针对复合材料的振动性能开展了广泛研究。由于复合材料组成成分的多样性和整体结构的各向异性，复合材料阻尼性能较为复杂，很难采用理论方法研究，目前较多采用实验测量方法。

复合材料振动时的模态频率和模态损耗因子是衡量其振动性能的两个重要参数，目前国内外用于测量这两个参数的实验装置较为复杂，测试成本较高，且人为因素影响较大。我们在研究中将FBG粘贴在碳纤维复合材料悬臂梁上，通过测量复合材料悬臂梁的谐振频率，计算其阻尼损耗因子，得到无损伤碳纤维增强复合材料的振动性能。在此基础上，对碳纤维复合材料人为引入小孔损伤和细槽损伤，利用FBG测量其损伤状态下的一阶谐振频率，研究损伤状况对复合材料一阶谐振频率的影响。此方法易于操作，测量精度高，对研究碳纤维增强复合材料的振动性能和损伤对复合材料振动性能的影响具有参考价值。

8.1 CFRP悬臂梁振动性能研究

碳纤维增强复合材料振动性能主要由模态频率和阻尼损耗因子决定。目前测试结构阻尼损耗因子应用得比较广泛的方法是振动梁法，测量梁的振幅-频率曲线。频谱峰值所在位置即为试件固有频率。固有频率的大小与试件尺寸、密度及相关力学参数等固有属性有关。式(8-1) 为等直悬臂梁结构固有频率计算公式[2]：

$$f_{\mathrm{n}} = \frac{\lambda_{\mathrm{n}}}{2\pi L^2}\left(\frac{EI}{\rho A}\right)^{\frac{1}{2}} \tag{8-1}$$

式中 f_{n}—— 第 n 阶模式的频率；

E—— 梁材料的弯曲模量；

I—— 梁的中性轴的惯性矩，$I = c \cdot h^3/12$（c 为悬臂梁宽度、h 为悬臂梁厚度）；

ρ—— 梁材料的密度；

A—— 梁的横截面积；

λ_{n}—— 第 n 阶模式的特征值（取决于边界条件），当 $n = 1$ 时，$\lambda_{\mathrm{n}} = 1.875^2$；

L—— 梁的长度。

碳纤维增强复合材料比金属材料阻尼性能好，其主要原因是纤维和基体之间存在相对滑移，基体具有黏弹性。影响碳纤维增强复合材料阻尼性能的主要因素有基体特性、纤维体积比、纤维的直径以及铺设角度、铺设顺序等[3-4]。阻尼损耗因子是描述阻尼性能的重要参数，阻尼损耗因子越大表明阻尼性能越好。通常通过半功率带宽法计算材料的阻尼损耗因子，半功率带宽分析方法属于频域分析，式(8-2) 为阻尼损耗因子计算公式[4]。

$$\eta = \frac{f_{\mathrm{H}} - f_{\mathrm{L}}}{f_{\mathrm{n}}} = \frac{\Delta f}{f_{\mathrm{n}}} \tag{8-2}$$

式中 f_{H}—— 频率升高时，振幅下降到原来 0.707 倍时的频率，Hz；

f_{L}—— 频率下降时，振幅下降到原来 0.707 倍时的频率，Hz；

Δf—— 半功率带宽，Hz；

f_{n}—— 第 n 阶谐振频率，Hz。

8.2 CFRP 悬臂梁受迫振动的 FBG 监测

本节主要介绍 FBG 传感器粘贴在 CFRP 悬臂梁上以监测 CFRP 的振动性能。首先使用激振器使悬臂梁做受迫振动，利用 FBG 传感器监测悬臂梁受迫振动时的振动频率。将激振器上振动频率和振幅的大小与 FBG 监测到的振动频率和振幅大小进行比较，并计算 FBG 传感器测量的相对误差，以证明 FBG 传感器用于监测碳纤维复合材料振动性能的可行性。

将中心波长分别为 1531.11nm、1549.02nm、1555.09nm 的三个 FBG 粘贴在 T700 型 CFRP 悬臂梁(长 45cm、宽 5cm、厚 3mm)表面,粘贴位置如图 8-1 所示,使用的胶黏剂为 DG-4,粘贴长度为 3cm、宽度为 1cm、厚度为 0.4mm。三个传感器串接在一根光纤上,通过跳线连接到解调仪。将试件一端固定在支架上,另一端固定在型号为 Vibration Exciter Type 4808 的激振器上,且保证复合材料试件处于水平位置。激振器的振动频率和振幅大小通过电脑程序精确地控制。实验现场如图 8-2 所示。

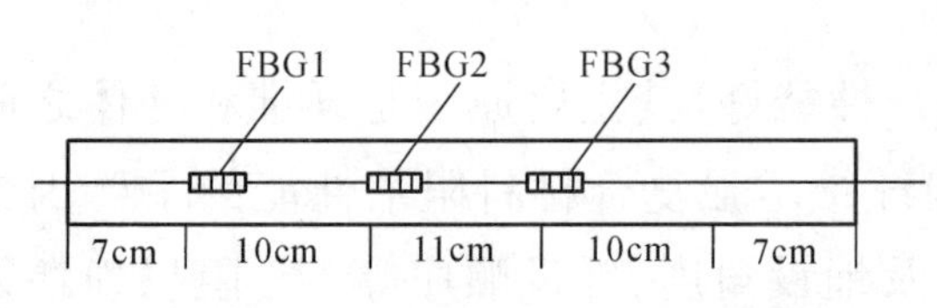

图 8-1 CFRP 悬臂梁 FBG 粘贴示意图

图 8-2 CFRP 悬臂梁受迫振动实物图

调节激振器的振动频率和振动加速度(通过控制激振器的振动加速度可控制振动探头的振幅),并记录其数值。使用解调仪高速采集(采集频率为 1000Hz)三个 FBG 的中心波长,经快速傅里叶变换(FFT)后得到 FBG 的幅频响应。当激振器的频率为 20Hz,振动加速度为 5.44m/s^2 时,三个光栅的波形和傅里叶变换频谱如图 8-3 所示。

复合材料悬臂梁进行受迫振动时,FBG1 监测的振动信号(频率和幅值)与激振器显示出较好的一致性,FBG2 和 FBG3 的波形随着时间的推移整体有细微增大的趋势。分析产生这种现象可能的原因,是因为随着振动的进行,悬臂梁并非一直保持在水平状态振动,此时悬臂梁位置较初始状态产生细微变动,但是振动开始和振动结束波峰和波谷分别增大幅度不到 0.001nm,故而对监测结果影响不大。经快速傅里叶变换后,三个 FBG 频谱信号的频率与激振器的频率一致。后续实验分别改变激振器的频率为 30Hz、40Hz,振动加速度(振幅)不变时,传感器频谱信号的频率与激振器的振动频率仍表现出良好的一致性。因此,FBG 可准确监测碳纤维复合材料悬臂梁的振动频率。

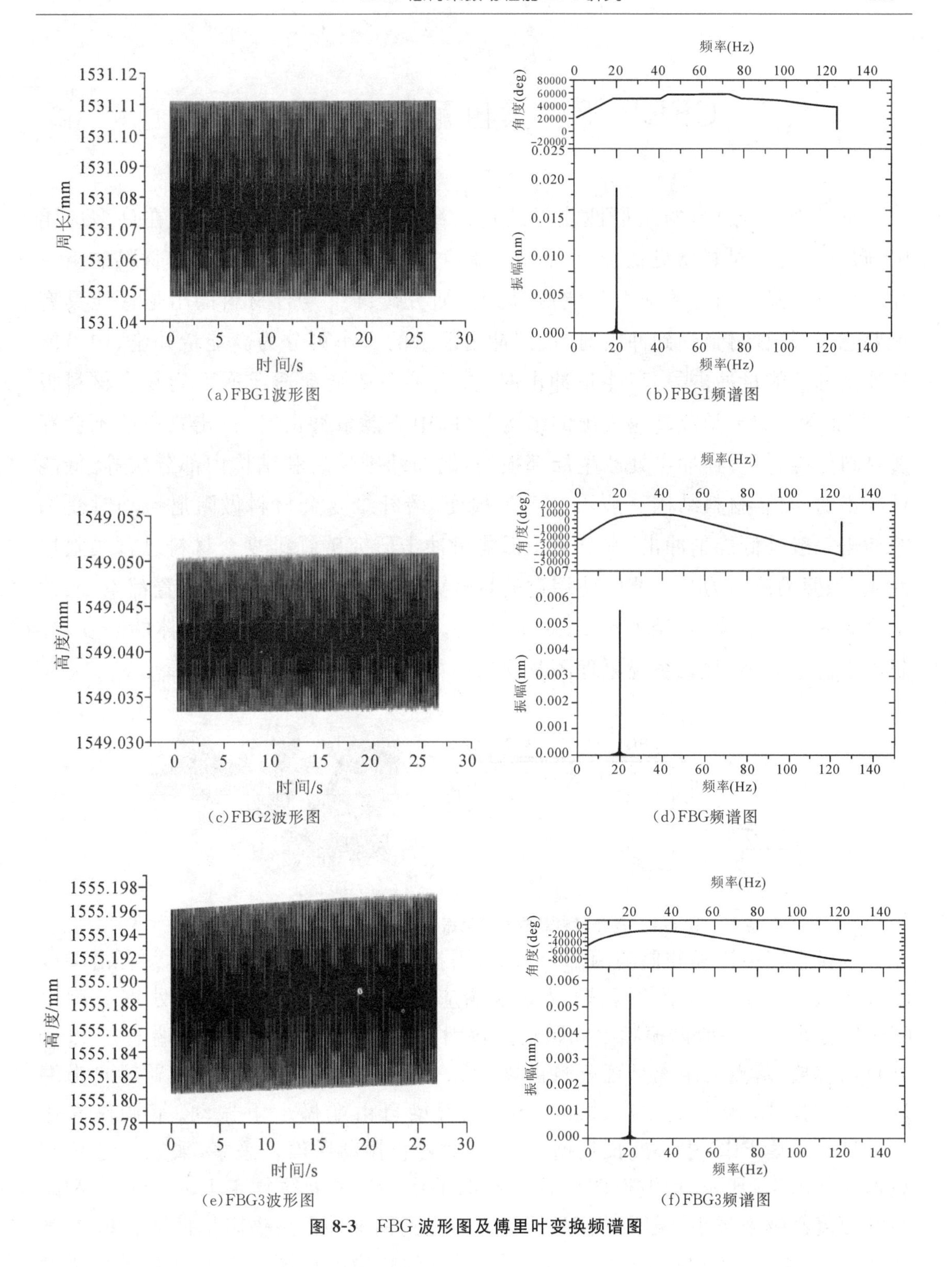

(a)FBG1波形图 (b)FBG1频谱图

(c)FBG2波形图 (d)FBG频谱图

(e)FBG3波形图 (f)FBG3频谱图

图 8-3 FBG 波形图及傅里叶变换频谱图

8.3 CFRP 悬臂梁阻尼振动的 FBG 研究

碳纤维复合材料的阻尼性能对结构的减震性能有重要的影响。在许多应用中，碳纤维复合材料所处的振动、冲击、噪声等环境较复杂，提高复合材料的阻尼性能可显著降低结构的动力学响应。因此，研究碳纤维复合材料的阻尼性能具有重要意义。复合材料受到冲击时，按照冲击能量的大小可分为高能量冲击、中等能量冲击和低能量冲击[5]。高能量冲击时，冲击物一般会穿透或嵌入到复合材料板中，例如飞行的子弹或高速飞出的结构部件。中等能量冲击时，冲击物一般不会穿透材料结构，但会在冲击处产生局部损伤，例如纤维断裂和结构内部分层等。低能量冲击时，复合材料结构一般不会产生损伤。碳纤维复合材料做阻尼振动时受到的冲击一般是低能量冲击。本节采用低能量冲击研究碳纤维复合材料悬臂梁阻尼性能，悬臂梁依然为 8.1 节中使用过的悬臂梁。FBG 的种类和粘贴位置都不变，冲击物为一个小钢球(直径 1.5cm、质量 25g)。通过调整小钢球自由落体的高度，控制冲击能量大小。测试系统原理图及现场图如图 8-4 所示。

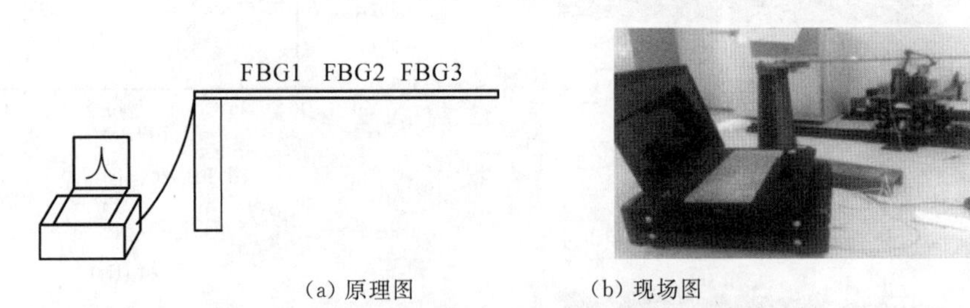

(a) 原理图　　(b) 现场图

图 8-4　复合材料悬臂梁阻尼振动测试原理图和现场图

测试系统由激励和监测两部分组成，用自由下落的钢球冲击悬臂梁自由端以施加激振力，用 FBG 监测悬臂梁振动响应信号，信号经过计算机处理后可得 CFRP 悬臂梁的一阶谐振频率和阻尼损耗因子。小钢球从悬臂梁自由端上方 20cm 处自由释放，落点为距离悬臂梁自由端 1cm 处。观察到小钢球冲击悬臂梁自由端后迅速被弹开，未产生二次冲击振动，悬臂梁自由端做上下振动。解调仪高速(400Hz) 采集 FBG 中心波长数据，待悬臂梁停止振动后停止采集，采集到的 FBG 波形图如图 8-5 所示。由波形图可看出 FBG 的中心波长做往复变化，并且增大和减小的幅度都越来越小，说明 CFRP 悬臂梁在受到钢球冲击后做阻尼振动。图 8-6 为图 8-5 的波形经快速傅里叶变换后得到的频谱图，由频谱图可知 CFRP 悬臂梁做阻尼振动的固有频率(一阶谐振频率)。

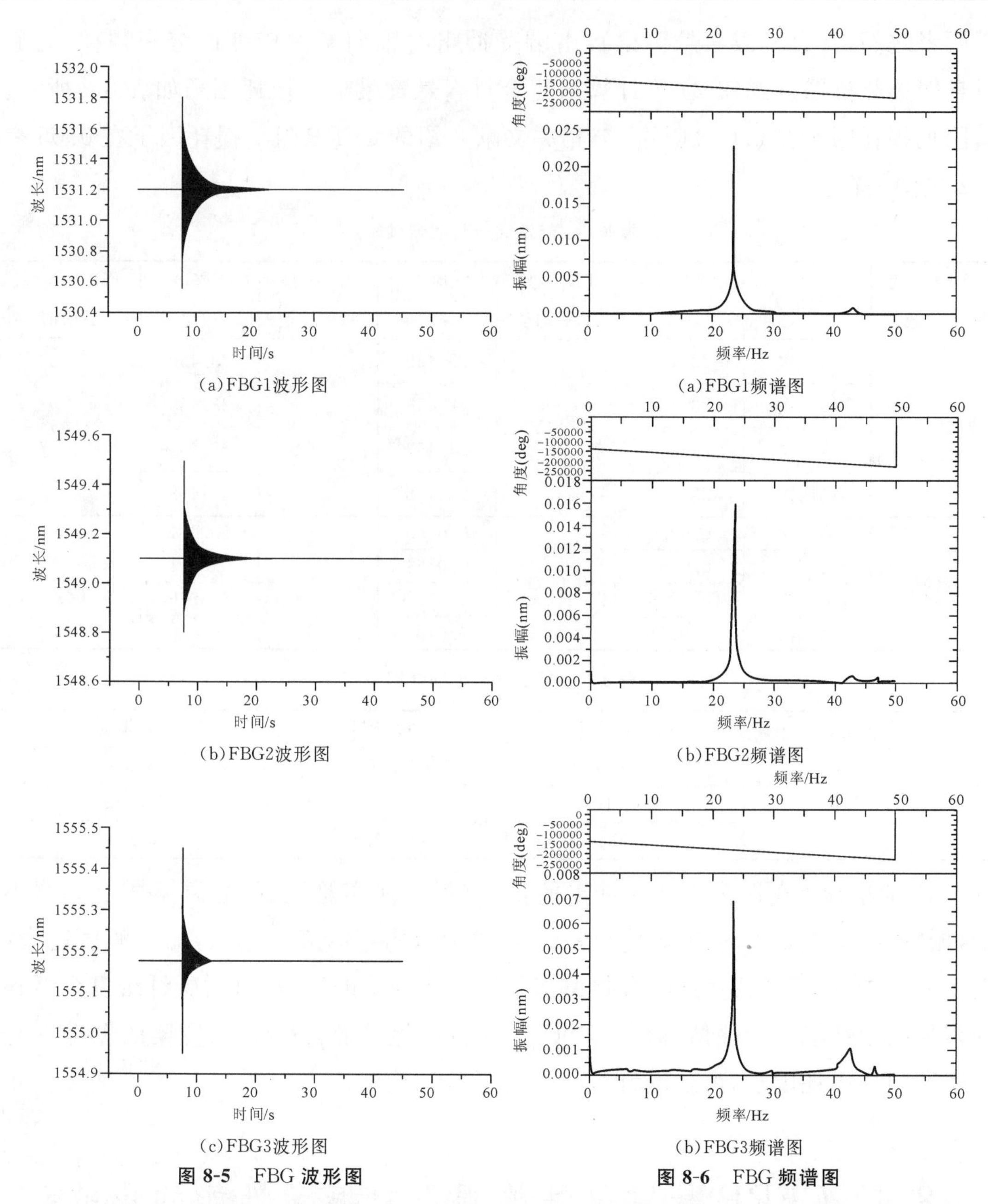

(a)FBG1波形图　(a)FBG1频谱图

(b)FBG2波形图　(b)FBG2频谱图

(c)FBG3波形图　(b)FBG3频谱图

图 8-5　FBG 波形图　**图 8-6　FBG 频谱图**

重复四次实验，三个 FBG 监测到的 CFRP 悬臂梁固有频率(即一阶谐振频率)如表 8-1 所示。四次试验中检测到的悬臂梁振动频率几乎相同，偏差仅为0.001Hz。由实验数据可知，CFRP 悬臂梁各部分固有频率为一定值，四次实验结果具有较好的一致性。表 8-1 中幅值为 FBG 监测到的 CFRP 悬臂梁在阻尼振动全过程中的平均振幅。振幅越大，说明悬臂梁振动过程中弯曲应变越大。因此，在 CFRP 悬臂梁阻尼振动的同一时刻，FBG1 处的应变最大，FBG3 处的应变最小，FBG2 处的应变处于两者之间，符合等截面悬臂梁自由端受冲击时轴向弯曲应变的分布规律[6]。通过悬臂梁频谱图及式(8-2)可计算出复合材料悬臂梁阻尼损耗因子如表8-2所示。其阻尼损耗因子在0.012附近，与相关文献介绍的CFRP阻尼损耗因子在0.05～0.2之间相符合[7]。

表8-1 悬臂梁一阶谐振频率

经FFT变换后的数值	实验次数	FBG1频率	FBG1频率平均值	FBG2频率	FBG2频率平均值	FBG3频率	FBG3频率平均值
频率(Hz)	第一次	23.459	23.458	23.459	23.458	23.459	23.458
	第二次	23.458		23.458		23.458	
	第三次	23.457		23.457		23.457	
	第四次	23.458		23.458		23.458	
幅值	第一次	0.0235	0.0272	0.0159	0.0171	0.0071	0.0075
	第二次	0.0284		0.0164		0.0091	
	第三次	0.0266		0.0198		0.0066	
	第四次	0.0301		0.0163		0.0073	

表8-2 悬臂梁阻尼损耗因子

第一次实验	FBG1附近	FBG2附近	FBG附近
f_H(Hz)	23.601	23.611	23.576
f_L(Hz)	23.318	23.307	23.342
	0.012	0.013	0.010

增加小球下落距离以增大冲击能量，重复上述实验过程。悬臂梁固有频率不变，振幅增大。这是因为冲击能量越大，悬臂梁结构弯曲应变越大，振动幅度越大。基于FBG对CFRP悬臂梁固有频率和阻尼损耗因子的测量，可对碳纤维复合材料的阻尼振动性能进行评估。因此，FBG能够很好地监测CFRP悬臂梁的振动固有频率和阻尼损耗因子，评估碳纤维复合材料振动性能。

8.4 CFRP悬臂梁结构损伤对振动性能的影响

复合材料作为结构部件在使用过程中难免会产生结构损伤。研究复合材料表观结构微损伤对其振动性能的影响，可以对复合材料的健康状况进行评估，这对复合材料结构的安全工作具有重要意义。针对复合材料的结构损伤，本节使用FBG监测复合材料结构在损伤状况下固有频率的变化，以研究损伤对复合材料固有频率的影响。研究的主要方法是：在CFRP悬臂梁上通过打孔与刻槽人为制造损伤，利用 FBG 监测悬臂梁在损伤状态下的振动性能。测量并比较其一阶谐振频率的变化，分析不同类型的损伤对复合材料固有频率的影响。

首先在碳纤维增强复合材料悬臂梁靠近 FBG3 中间位置一侧 1cm 处使用打孔器打一个直径为 5mm 的孔，如图 8-7 所示。重复 8-3 节所示的实验四次，监测复合材料振动性能，所得实验数据如表 8-3 所示。

表 8-3　打孔后的悬臂梁一阶谐振频率

FFT 变换的值	实验次数	FBG1 频率	FBG1 频率平均值	FBG2 频率	FBG2 频率平均值	FBG3 频率	FBG3 频率平均值
频率（Hz）	第一次	23.586	23.585	23.586	23.585	23.459	23.458
	第二次	23.584		23.584		23.458	
	第三次	23.585		23.585		23.457	
	第四次	23.585		23.585		23.458	
幅值	第一次	0.0239	0.0239	0.0086	0.0087	0.0071	0.0075
	第二次	0.0242		0.0088		0.0091	
	第三次	0.0236		0.0087		0.0066	
	第四次	0.0238		0.0088		0.0073	

对比表 8-1 和表 8-3 实验数据，在 FBG3 的附近打孔以后，CFRP 悬臂梁一阶谐振频率增大 0.127Hz。分析其原因，打孔以后 CFRP 悬臂梁的整体结构受到破坏，悬臂梁的有效宽度减小，导致梁结构在弯曲应力不变的情况下，弯曲应变发生减小，故而弯曲模量 E 增大，所以一阶谐振频率增大。后续实验中在 FBG3 附近又打了一个孔（两个孔相对 FBG3 对称，如图 8-8 所示）。测量结果表明，随着打孔数目增多，其一阶谐振频率持续增大。有三个孔时悬臂梁的一阶谐振频率较没打孔时增大了 0.178Hz。

图8-7　一个孔

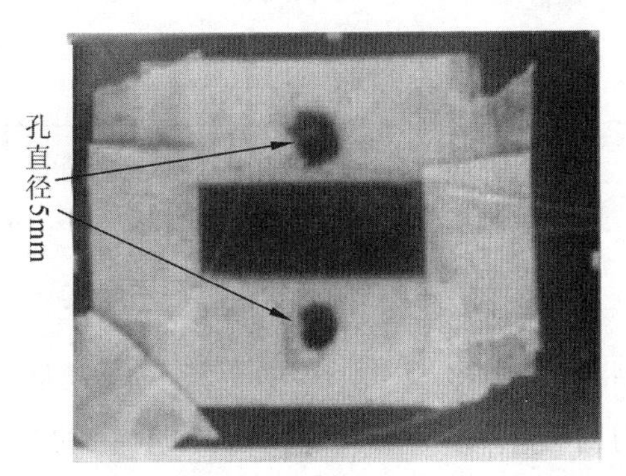

图8-8　两个孔

在上述实验的基础上，在粘贴 FBG2 的碳纤维增强复合材料板的背面雕刻了一个长 5cm、宽 2mm、深 1.5mm 的槽，如图 8-9 所示。重复上述实验，得到碳纤维复合材料悬臂梁一阶谐振频率和幅值如表8-4 所示。

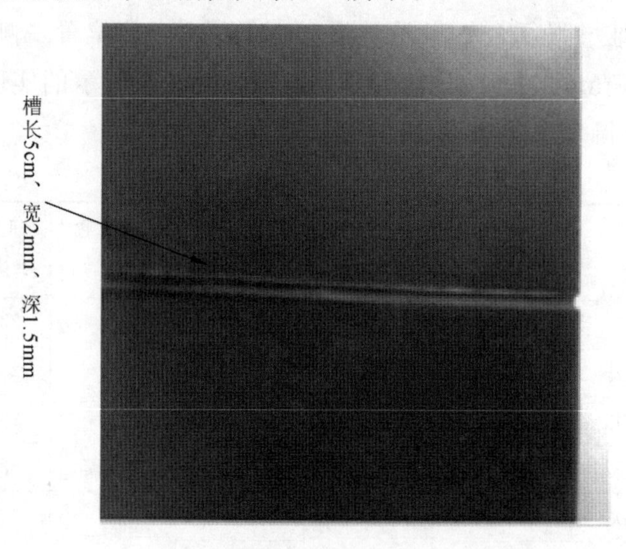

图 8-9　悬臂梁表面刻槽示意图

表 8-4　刻槽后的悬臂梁一阶谐振频率

FFT 变换的数值	实验次数	FBG1 频率	FBG1 频率平均值	FBG2 频率	FBG2 频率平均值	FBG3 频率	FBG3 频率平均值
频率(Hz)	第一次	22.998	22.995	22.998	22.995	22.998	22.995
	第二次	22.994		22.994		22.994	
	第三次	22.992		22.992		22.992	
	第四次	22.995		22.995		22.995	
幅值	第一次	0.0165	0.0164	0.0118	0.0116	0.0064	0.0063
	第二次	0.0164		0.0116		0.0063	
	第三次	0.0164		0.0113		0.0064	
	第四次	0.0162		0.0115		0.0062	

刻槽以后，碳纤维增强复合材料悬臂梁结构的整体性受到较大破坏，FBG2 处悬臂梁的厚度减小，导致梁的中性轴惯性矩 I 变小，其刚度降低，故而其一阶谐振频率减小了 0.590Hz。后续实验在两块碳纤维复合材料悬臂梁上打孔和背面刻槽，其一阶谐振频率分别增大了 0.128Hz 和减小了 0.593Hz。因此，不同的损伤结构对复合材料的固有频率有不同的影响，进而可通过复合材料固有频率的变化判定结构损伤的类型(孔或槽)。

8.5 本章小结

本章的主要内容是采用FBG粘贴在T700型CFRP悬臂梁表面研究其振动性能，并研究了结构损伤对其振动性能的影响。首先通过复合材料悬臂梁受迫振动实验演示了FBG传感器测量其振动频率和振幅的可行性。接着，在室温条件下，FBG传感器监测出无损伤复合材料悬臂梁结构的一阶谐振频率为23.458Hz，阻尼损耗因子为0.012，符合相关文献中碳纤维增强复合材料阻尼损耗因子的数值范围。实验所用的碳纤维复合材料阻尼性能较好，减震效果较好。引入小孔损伤后，碳纤维复合材料悬臂梁结构一阶谐振频率增大了0.127Hz(变化幅度较小)；在孔损伤的基础上，引入刻槽损伤后，复合材料悬臂梁一阶谐振频率减小了0.590Hz(变化幅度较大)。由此可见，小孔损伤时，复合材料悬臂梁一阶谐振频率增大；槽损伤时，其一阶谐振频率减小。因此，不同损伤类型对CFRP悬臂梁的一阶谐振频率影响不同，基于FBG监测到的谐振频率的变化可以判定CFRP悬臂梁结构的损伤类型。

参考文献

[1] 张少辉，陈花玲．共固化复合材料黏弹阻尼结构的损耗因子研究[J]．航空材料学报，2005，25(1)：53-57.

[2] 徐阳，卢毓江，秦剑生，等．测定悬臂梁固有频率[J]．硅谷，2011(17)：174-174.

[3] CHANDRA R，SINGH S P，GUPTA K．A study of damping in fiber-reinforced composites[J]．Journal of Sound and Vibration，2003，262(3)：475-496.

[4] 朱银萍．简支梁法测量材料阻尼性能的试验研究[D]．天津：天津大学，2011：13-15.

[5] 王倩．基于FBG传感器的碳纤维/环氧树脂层合板低速冲击性能的研究[D]．武汉：武汉理工大学，2012：34-35.

[6] 侯作富．材料力学[M]．武汉：武汉理工大学出版社，2010.

[7] 戴德沛．阻尼减振降噪技术[M]．西安：西安交通大学出版社，1986：275-285.

9 CFRP层板损伤FBG探测

当前飞行器的发展水平是一个国家航空航天实力的象征，我国正逐渐加大对航空飞行器的研究力度。碳纤维复合材料现已被用来制作飞行器上的液氧、液氢储箱，由于碳纤维复合材料是一种各向异性的材料体系，在低温环境中，组成复合材料的主要成分热膨胀系数相差较大，材料内部层合界面容易出现纤维断丝、材料裂纹、胶层脱粘等缺陷。同时，复合材料结构部件在服役过程中不可避免地受到压缩和低速冲击的影响。这些问题对飞行器的安全飞行均会造成严重影响。

目前国内外对CFRP材料在极端低温环境下的性能研究较多采用电类传感器，测试结果易受电磁因素干扰，而且不能实现在线式测量。采用粘贴式FBG传感器和千分表相结合的方式，监测碳纤维复合材料经低温处理后的弯曲性能的变化，以研究复合材料低温环境下损伤的扩展状况。针对复合材料平板结构的各向异性造成的应变分布的复杂性，通过在平板结构上布设FBG传感网络研究复合材料平板结构不同位置处的应变分布，得到了相关应变函数。在此基础上研究低速冲击损伤，研究CFRP平板结构受冲击时的位置判定和损伤状况。

9.1 CFRP超低温损伤研究

9.1.1 CFRP常温无损状态下的弯曲模量与抗弯刚度测量

复合材料中的增强纤维和树脂基体两种材料体系之间一般采用的是胶黏剂粘贴，两种材料体系的热膨胀系数差异较大，温差下产生的内部热应力和树脂材料在极端低温环境下强度下降引起的失效应变共同作用，容易导致复合材料出现微裂纹等结构损伤[1-3]。因此，研究复合材料极端低温环境下的性能和损伤状况对复合材料结构的安全运行意义重大。首先在室温 25℃ 下用切割机切割一块碳纤维复合材料板（长 $L = 45\text{cm}$、宽 $b = 5\text{cm}$、厚 $h = 3\text{mm}$），制作成一个复合材料等直悬臂梁，夹持区、加载区以及 FBG 的粘贴位置（A 处）如图 9-1 所示。FBG 的初始中心波长为 1564.87nm，粘贴过程中使用的胶黏剂为 DG-4，粘贴厚度 0.4mm、粘贴长度 3cm、宽度 1cm。常温无损测试系统由碳纤维复合材料等直梁、200g 砝码 7 个、悬臂梁支架、FBG 应变传感器、千分表以及解调仪和电脑组成。等直梁固定在悬臂梁支架上，FBG 通过跳线与解调设备相连。测试系统示意图如图 9-2 所示，实物图如图 9-3 所示。

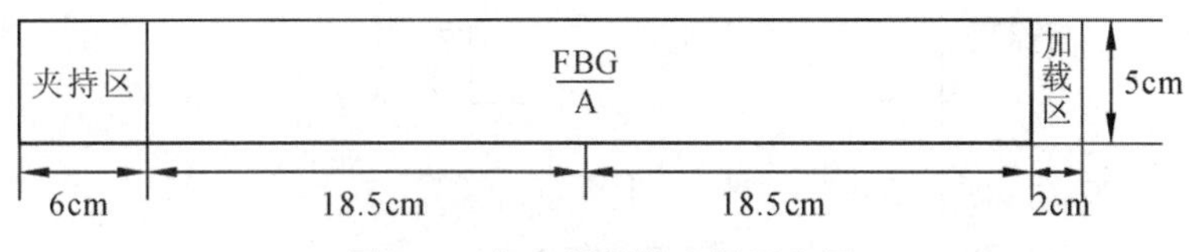

图 9-1　复合材料等直梁示意图

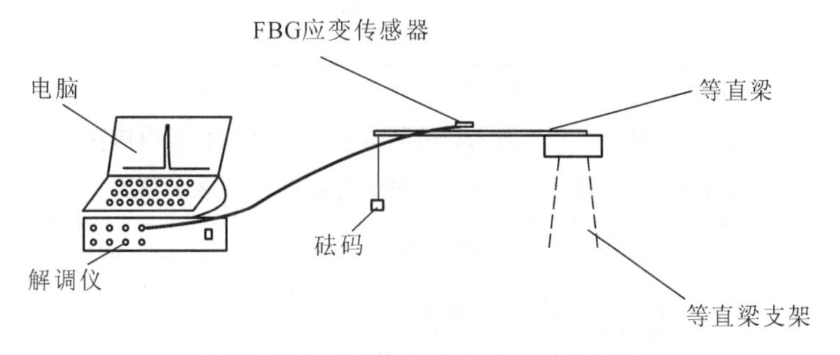

图 9-2　CFRP 等直悬臂梁实验示意图

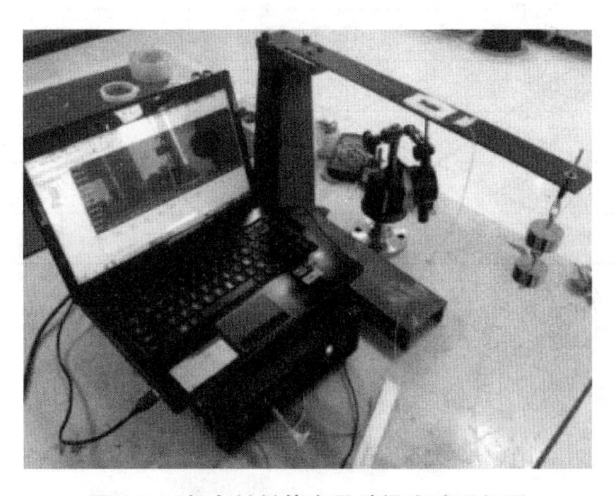

图 9-3　复合材料等直悬臂梁实验现场图

在等直梁的自由端(加载区)给等直梁加载砝码,以200g为加载单位,从0g加载至1400g。解调仪的采集频率设置为5Hz,每个加载点下保载1min,保证其对等直梁自由端施加的外力竖直向下,待砝码不晃动后采集数据如图9-4所示。千分表用于测量等直梁上粘贴FBG位置处(A处)的挠度值。常温环境下对等直梁进行四次加载试验,记录不同荷载状况下的FBG中心波长,实验结果如表9-1所示。

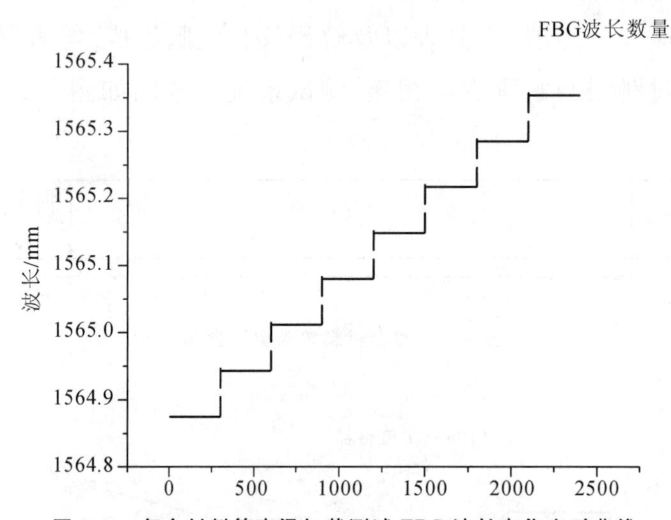

图9-4 复合材料等直梁加载测试FBG波长变化实时曲线

表9-1 复合材料等直梁自由端荷载和FBG波长数据

自由端荷载(g)	第一次(nm)	第二次(nm)	第三次(nm)	第四次(nm)
0	1564.8721	1564.8710	1564.8748	1564.8764
200	1564.9358	1564.9480	1564.9496	1564.9503
400	1564.9996	1565.0088	1565.0138	1565.0168
600	1565.0792	1565.0768	1565.0754	1565.0767
800	1565.1444	1565.1510	1565.1542	1565.1557
1000	1565.2150	1565.2138	1565.2165	1565.2178
1200	1565.2848	1565.2905	1565.2928	1565.2928
1400	1565.3435	1565.3498	1565.3532	1565.3546

根据材料力学知识,等直悬臂梁纯弯曲时梁的横截面上正应力的计算公式为:

$$\sigma = \frac{My}{I_z} \tag{9-1}$$

式中 M—— 横截面上的弯矩;

y—— 横截面上距离悬臂梁中性轴的距离;

I_z—— 横截面对该处等直悬臂梁中性轴的惯性矩。

则 A 处横截面上正应力为：

$$\sigma = (\frac{FL}{2} \times \frac{h}{2})/(\frac{bh^3}{12}) = \frac{3L}{bh^2} \times F \tag{9-2}$$

运用 FBG 应变传感器的应变传感原理，将表中 FBG 记录的中心波长变化转变成 A 处的应变，如表 9-2 所示。

表 9-2　复合材料等直悬臂梁自由端荷载和中部应变数据

自由端荷载 F(N)	第一次($\mu\varepsilon$)	第二次($\mu\varepsilon$)	第三次($\mu\varepsilon$)	第四次($\mu\varepsilon$)
0	0	0	0	0
1.96	53.08	64.17	62.33	61.58
3.92	106.25	114.83	115.83	117.00
5.88	172.58	171.50	167.17	166.92
7.84	226.92	233.33	232.83	232.75
9.8	285.75	285.67	284.75	284.50
11.76	343.92	349.58	348.33	347.00
13.72	392.83	399.00	398.67	398.50

使用 Origin 绘图软件将表 9-2 中的实验数据绘制成悬臂梁中心处应变与自由端荷载的散点图，并做线性拟合，如图 9-5 所示。由图可知复合材料悬臂梁中心处的应变随悬臂梁自由端荷载的变化，B、C、D、E 分别为第一次、第二次、第三次、第四次实验的线性拟合直线。四条拟合直线的斜率平均值为 $k = 29.107$。应力和应变之间的关系式为 $\sigma = E\varepsilon$，则 $k = \frac{\varepsilon}{F} = \frac{3L}{bh^2E}$。将相关数据代入，可计算出该碳纤维复合材料等直梁的弯曲模量为 $E = 84.76\text{GPa}$，抗弯刚度 $EI = 9.536\text{N} \cdot \text{m}^2$。

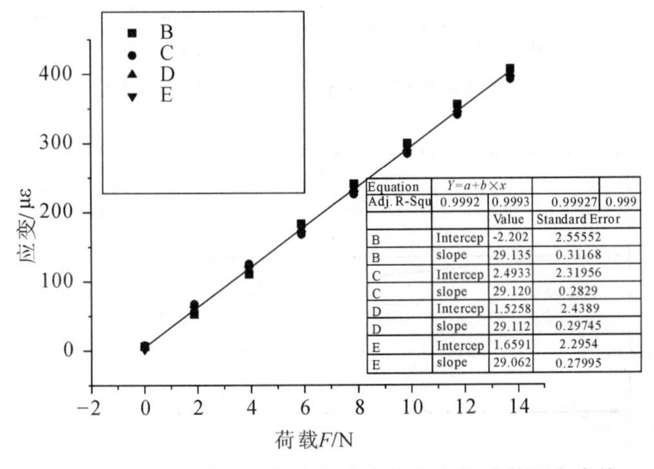

图 9-5　复合材料悬臂梁中部应变和自由端荷载拟合直线

中心点距离等直悬臂梁固定端为 18.5mm，实验中通过千分表测量该点的挠度值，实验数据如表 9-3 所示。使用 Origin 绘图软件将表 9-3 中的实验数据绘制成悬臂梁中部挠度与自由端荷载的散点图，并做线性拟合，如图 9-6 所示。图 9-7 是等直悬臂梁的基本尺寸及弯曲示意图，根据等直悬臂梁的挠度方程，可通过千分表记录的挠度值推算出等应变梁 A 处的应变值。根据等直悬臂梁轴线上各位置处的

表 9-3　复合材料悬臂梁自由端荷载和中部挠度数据

自由端荷载 F(N)	第一次(mm)	第二次(mm)	第三次(mm)	第四次(mm)
0	0	0	0	0
1.96	1.213	1.218	1.220	1.224
3.92	2.436	2.439	2.433	2.441
5.88	3.601	3.598	3.604	3.612
7.84	4.724	4.736	4.715	4.71
9.8	5.732	5.748	5.763	5.76
11.76	6.813	6.825	6.815	6.828
13.72	7.865	7.863	7.875	7.88

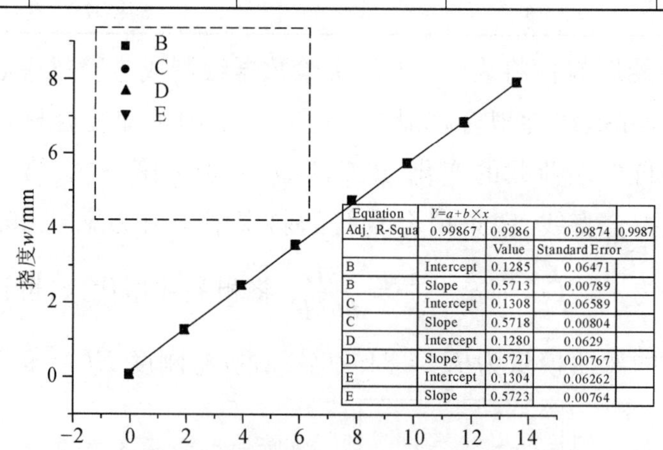

图 9-6　复合材料悬臂梁中部挠度和自由端荷载拟合直线

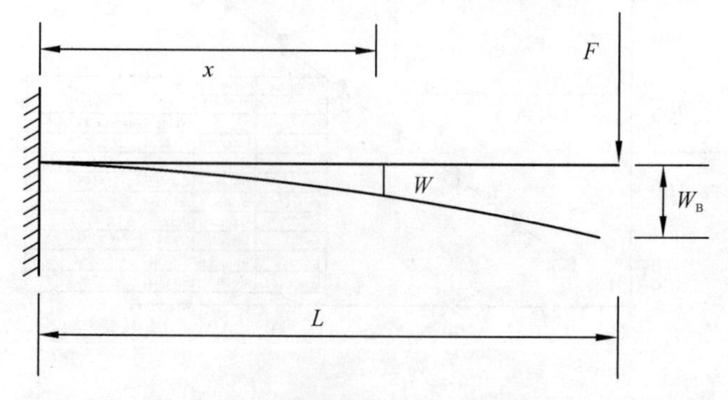

图 9-7　等直悬臂梁弯曲示意图

挠度和自由端受力的关系可以计算出悬臂梁上距离悬臂梁固定端x的任一点处挠度值为：

$$w = -\frac{Fx^2}{6EI}(3L - x) \tag{9-3}$$

式中 F—— 施加在等直悬臂梁自由端竖直向下的力；

E—— 等直悬臂梁的弯曲模量；

I—— 等直悬臂梁中性轴惯性矩；

L—— 等直悬臂梁长度，绝对值最大的挠度。

在等直悬臂梁自由端，为 $w_B = -\frac{FL^3}{3EI}$。通过千分表测量等直悬臂梁中心位置处在自由端不同荷载条件下的挠度，将 $x = \frac{L}{2}$，$I = \frac{bh^3}{12}$（b 为悬臂梁宽度，h 为悬臂梁厚度）代入上式，可得其挠度值为 $w = \frac{5FL^3}{4Ebh^3}$。图中线性拟合直线斜率 $k = \frac{w}{F} = \frac{5L^3}{4Ebh^3}$，可知平均斜率 $k = 5.7162 \times 10^{-4}$ m/N，计算可得弯曲模量 $E = 82.28$GPa，抗弯刚度 $EI = 9.257$N·m²。由两次测量的弯曲模量和抗弯刚度的实验结果可知，通过千分尺测量和 FBG 应变传感器监测计算得到的碳纤维复合材料悬臂梁弯曲模量和抗弯刚度基本相同，相差不大。本实验充分证明 FBG 应变传感器可以准确监测碳纤维复合材料悬臂梁弯曲模量 E 和抗弯刚度 EI。

9.1.2 CFRP 液氮浸泡后的弯曲模量与抗弯刚度测量

碳纤维复合材料是构成航天飞行器液氧、液氢储箱的主要成分，在极端低温环境下其性能会有所改变，并造成结构损伤。本实验使用液氮模拟极端低温环境，图 9-8 为装有 10L 液氮的液氮罐。将前述的碳纤维复合材料等直梁浸入液氮（−195℃）中 30h，然后取出待其恢复至室温 25℃。肉眼观察 FBG 应变传感器，发现粘贴传感器的 DG-4 胶黏剂表观透明度降低，出现浑浊现象。由于碳纤维复合材料体系的组成部分树脂基体和 DG-4 胶黏剂均为树脂型物质，两者结构在极端低温环境下发生不可逆变化并与增强纤维脱黏（即产生分层和裂纹等损伤）（图 9-9）。因此，在等直悬臂梁中心位置处重新粘贴一个中心波长为 1568.86nm 的 FBG，将液氮浸泡过的等直梁在室温 25℃ 下重复前述的实验，实验结果如表 9-4 所示。将

FBG 中心波长的变化转换成中心位置处的应变，如表 9-5 所示。

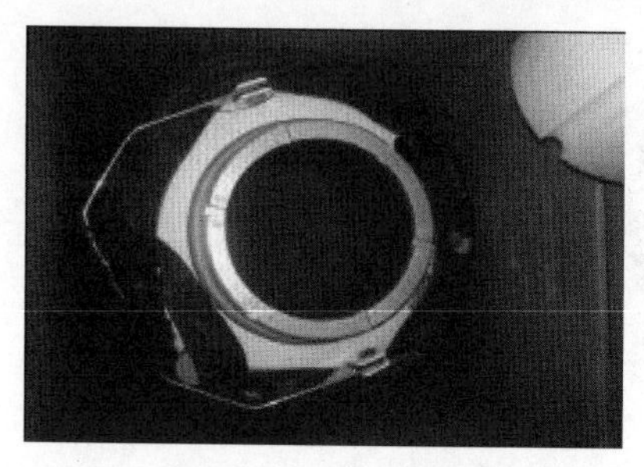

图9-8 液氮罐实物图

图9-9 传感器脱黏情况图

表 9-4 低温处理后的复合材料等直梁自由端荷载和 A 处 FBG 波长数据

自由端荷载(g)	第一次(nm)	第二次(nm)	第三次(nm)	第四次(nm)
0	1568.8677	1568.8672	1568.8683	1568.8678
200	1568.9507	1568.9487	1568.9514	1568.9532
400	1569.0350	1569.0374	1569.0342	1569.0413
600	1569.1177	1569.1162	1569.1186	1569.1158
800	1569.2019	1569.2102	1569.2075	1569.2035
1000	1569.2890	1569.2873	1569.2905	1569.2874
1200	1569.3794	1569.3808	1569.3764	1569.3786
1400	1569.4592	1569.4615	1569.4518	1569.4623

表 9-5 低温处理后的复合材料等直梁自由端荷载和中部应变数据

自由端荷载 F(N)	第一次($\mu\varepsilon$)	第二次($\mu\varepsilon$)	第三次($\mu\varepsilon$)	第四次($\mu\varepsilon$)
0	0	0	0	0
1.96	69.17	67.92	69.25	71.17
3.92	139.42	141.83	138.25	144.58
5.88	208.33	207.50	208.58	206.67
7.84	278.50	285.83	282.67	279.75
9.8	351.08	350.08	351.83	349.67
11.76	426.42	428.00	423.42	425.67
13.72	492.92	495.25	486.25	495.42

中心处的应变随着复合材料等直悬臂梁自由端荷载的变化如图 9-10 所示，B、C、D、E 分别为第一次、第二次、第三次、第四次实验的线性拟合直线。四条拟合直线的斜率平均值为 36.03。应力和应变之间的关系式为 $\sigma = E\varepsilon$，可计算出该碳纤维复合材料等直梁的弯曲模量 $E = 68.55\text{GPa}$，抗弯刚度 $EI = 7.712\text{N} \cdot \text{m}^2$，较液氮

处理前有所减小，减小幅度为 16.7%。

碳纤维复合材料中基体材料和增强纤维的热膨胀系数有较大不同，碳纤维具有负热膨胀系数，与环氧树脂的热膨胀系数不匹配。由曲线图（图 9-11）可看出，碳纤维复合材料在液氮中浸泡 10h 以后，弯曲模量有所上升，分析原因，是因为复合材料中树脂和增强纤维的热膨胀系数不同导致复合材料体系残余应力的增加，使树脂和增强纤维的界面结合更好，树脂和增强纤维之间属于强结合，所以此时复合材料整体弯曲模量增加，抗弯刚度也增加。随着浸泡时间的增长，残余应力逐渐增大，树脂和增强纤维两者界面之间发生局部脱黏，产生微小裂纹，裂纹不断扩展直至饱和并出现分层现象，损伤达到最大程度。此时复合材料整体弯曲模量减小，抗弯刚度也减小，并且弯曲模量和抗弯刚度减小的幅度随着浸泡时间的延长越来越小，直至稳定。

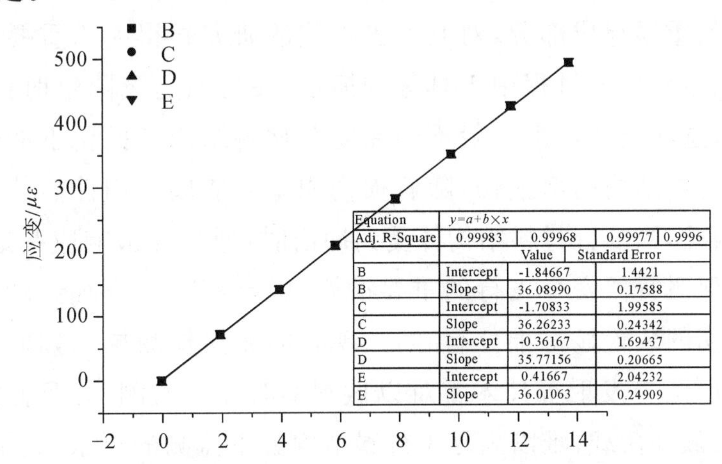

图 9-10　低温处理后的复合材料等直梁中部应变和自由端荷载拟合直线

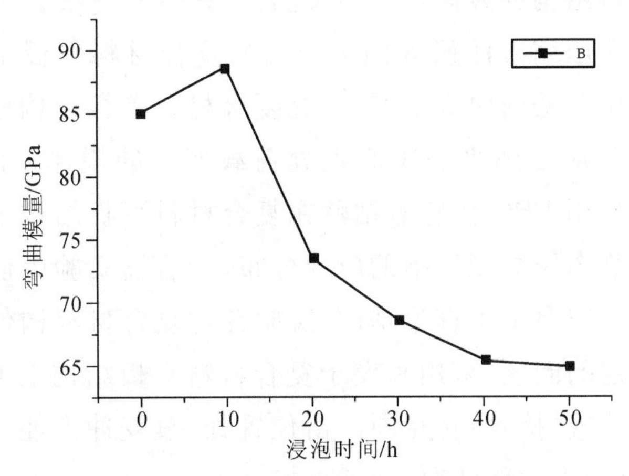

图 9-11　复合材料等直梁弯曲模量与低温处理时间的变化曲线

9.2 CFRP平板结构准静态荷载测试和低速冲击损伤研究

碳纤维复合材料平板结构在集中荷载达到一定大小时会出现破坏状况，其破坏模式主要有层间分层、基体开裂以及纤维断裂等。碳纤维复合材料的损伤过程是一个渐进的过程，轻微损伤会导致复合材料平板结构残余应力的重新分配，较大形式的损伤会导致复合材料平板结构的刚度等物理性能衰减，严重时导致复合材料结构完全失效。因此研究碳纤维复合材料结构在准静态荷载下的应变响应显得尤为重要。

飞机在服役和维护过程中可能受到各种冲击作用，碳纤维复合材料结构件作为飞行器结构的重要组成部分，对其冲击损伤的研究显得尤为重要。常见的冲击包括飞鸟撞击、维修检测过程中工具等的撞击、飞行器起飞降落时机轮卷起的碎石冲击机身等，这些低速冲击一般不会在复合材料结构表面留下冲击痕迹，但有可能造成复合材料结构内部损伤，随着损伤积累会造成结构性能的退化，甚至带来严重后果。因此，当复合材料结构件受到冲击时，通过冲击响应判定冲击位置和损伤情况是确保飞行器安全飞行的重要措施。因此，开发一种能够实时监测冲击位置和内部损伤的装置显得十分有必要。现有的无损检测技术如射线照相、超声波扫描、红外成像、声发射等技术都难以做到实时在线监测，并且监测装置复杂、笨重，造成较大额外荷载，难以满足飞行器结构健康监测的要求，利用光纤光栅传感器粘贴在复合材料结构件表面，可实现复合材料结构健康实时监测。

本节介绍准静态压缩方法研究四边简支的复合材料平板结构在横向集中荷载下平板结构不同位置处的应变情况，研究复合材料平板结构中心点处荷载变化时平板不同位置处的应变随平板中心点处荷载变化的规律，并得出应力应变公式。研究结果显示，使用FBG传感器粘贴在复合材料平板结构上可准确地在线监测出平板结构在准静态压缩测试下的应变分布，为后续实验中研究复合材料平板结构对冲击信号的响应奠定了理论基础。实验针对复合材料构件在低速冲击过程中冲击位置难以确定的问题，采用布设于复合材料平板结构上的FBG传感网络，定性判断冲击点的位置。接着，在相同冲击位置处，改变冲击能量，观测FBG传感器的信号响应，研究冲击损伤状况。

9.2.1 CFRP 平板结构准静态荷载下的 FBG 应变监测

首先采用准静态压缩的方法研究在不同荷载作用下粘贴在碳纤维复合材料平板结构上的应变信号响应。实验器材为 T700 碳纤维复合材料单向板(长 32cm、宽 32cm、厚 3mm)、解调仪、电脑、四根光栅(FBG1、FBG2、FBG3、FBG4 的初始中心波长分别为1531.153nm、1531.128nm、1531.1214nm、1531.215nm)。

光栅粘贴位置如图 9-12 所示,光栅粘贴方向为碳纤维排布方向(即 Y 轴方向)。实验现场图如图 9-13 所示,实验在室温 25℃ 下进行。

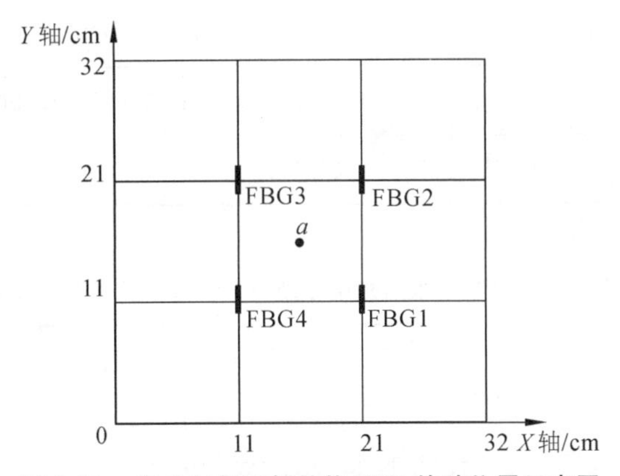

图 9-12 复合材料平板结构 FBG 粘贴位置示意图

图 9-13 复合材料平板结构准静态压缩实现现场图

在粘贴有 FBG 的四边简支复合材料平板背面几何中心位置施加荷载,如图 9-13 所示,通过增多砝码块的个数来增大施加在复合材料平板结构表面的静态荷载,施力探头(直径为 5mm) 与平板表面的接触面积非常小。实验中光纤光栅解调仪的采集频率为 4Hz,每次加载时保持 1min,直至 FBG 采集到的数据稳定。由层合板弯曲理论可知,此时碳纤维复合材料平板结构粘贴光栅的一侧为拉伸应变,随着荷载的增加，光栅的中心波长增大。实验过程中记录下不同静态荷载作用下对应的四个 FBG 的中心波长数值如表 9-6 所示。将四个光栅测得的波长值转变成相应位置处的应变，则不同荷载下对应的应变如表 9-7 所示。

表 9-6 复合材料平板结构中心处荷载和 FBG 波长数值

荷载(N)	FBG1 波长(nm)	FBG2 波长(nm)	FBG3 波长(nm)	FBG4 波长(nm)
0	1531.153	1531.128	1531.214	1531.215
9.8	1531.164	1531.141	1531.226	1531.227
19.6	1531.173	1531.149	1531.235	1531.235
28.8	1531.183	1531.159	1531.246	1531.249
39.2	1531.192	1531.168	1531.256	1531.258
48	1531.200	1531.176	1531.264	1531.263

表 9-7 复合材料平板结构中心处荷载和四个位置处应变数值

荷载(N)	FBG1 应变(με)	FBG2 应变(με)	FBG3 应变(με)	FBG4 应变(με)
9.8	9.50	9.92	10.01	10.00
19.6	16.92	17.27	17.05	16.67
28.8	24.92	25.32	26.41	28.67
39.2	32.58	32.55	34.73	35.67
48	39.33	39.01	41.74	40.28

将表 9-7 中平板结构中的应变与中心点处对应的荷载绘制散点图如图 9-14 所示，并做线性拟合。由于粘贴 FBG 的四个位置相对施加静态荷载的平板结构中心处对称，可推测四条直线变化规律较为一致，与实验结果较为吻合。随着荷载的增加，四个位置处的应变增大，图中线性拟合度较好，粘贴光栅的四个位置处的应变与施加在平板中心处的荷载基本呈线性关系。根据材料力学的基本原理，如果平板为均质材料，在弹性范围内，应变与荷载基本呈线性关系。由于本实验中碳纤维复合材料单向板可视为准均质材料，四边简支位置和光栅粘贴相对位置以及施力点位置均有一定的误差，因此四条直线并非完全重合。

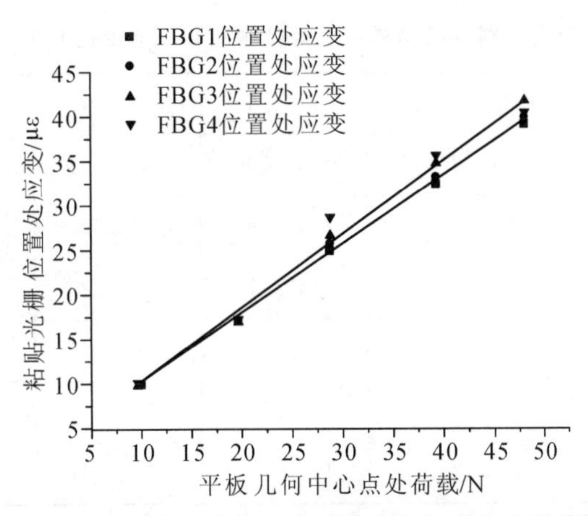

图 9-14 复合材料平板结构四个位置处应变与中心处荷载拟合直线

针对复合材料平板结构中应力与荷载的关系，后续实验在碳纤维复合材料单向板 6 个位置处粘贴 6 根光栅，6 根光栅分别编号为 FBG1、FBG2、FBG3、FBG4、FBG5、FBG6，中心波长分别为 1542.213nm、1542.232nm、1542.235nm、1542.242nm、1542.243nm、1542.252nm。光栅粘贴方向为碳纤维排布方向（即 Y 轴方向），粘贴位置如图 9-15 所示，相邻两两 FBG 之间的间隔为 2cm。在复合材料平板结构弹性范围内，在平板结构的反面中心处（即 FBG 的背面）分别施加 19.6N、39.2N、58.8N、78.4N、98.0N 的荷载，记录同一荷载下 6 个 FBG 的中心波长数值，并将实验结果汇总填入表 9-8 中。

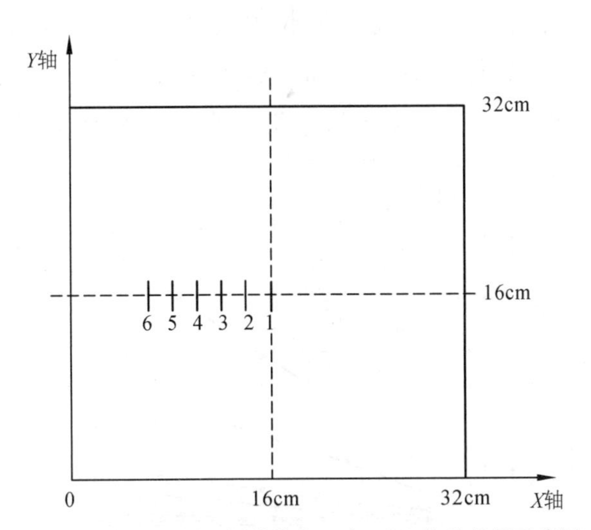

图 9-15 复合材料平板结构上 6 个 FBG 安装位置示意图

表 9-8　复合材料平板结构中心处荷载和 6 个位置处 FBG 波长数值

FBG/荷载	0N	19.6N	39.2N	58.8N	78.4N	98N
FBG1	1542.213	1542.445	1542.734	1542.911	1543.131	1543.423
FBG2	1542.232	1542.353	1542.485	1542.590	1542.724	1542.830
FBG3	1542.235	1542.282	1542.318	1542.389	1542.420	1542.476
FBG4	1542.242	1542.268	1542.284	1542.323	1542.355	1542.385
FBG5	1542.243	1542.257	1542.264	1542.271	1542.279	1542.284
FBG6	1542.252	1542.257	1542.259	1542.261	1542.263	1542.266

表 9-9　复合材料平板结构中心处荷载和 6 个位置处应变数值

应变($\mu\varepsilon$)/荷载	19.6N	39.2N	58.8N	78.4N	98N
FBG1	193.3	434.2	581.7	765.0	1008.3
FBG2	100.8	210.8	298.3	410.0	498.3
FBG3	39.2	69.2	128.3	154.2	200.8
FBG4	21.7	35.0	67.5	94.2	119.2
FBG5	11.7	17.5	23.3	30.0	34.2
FBG6	4.2	5.8	7.5	9.2	11.7

将 6 根光栅在不同荷载下测得的波长值转变成应变值，如表 9-9 所示。将表中的实验数据使用 Origin 软件绘制应变和荷载关系如图 9-16 所示，将应变与荷载进行线性拟合后，得到 6 个位置处应变与平板中心点处荷载关系式如表 9-10 所示。

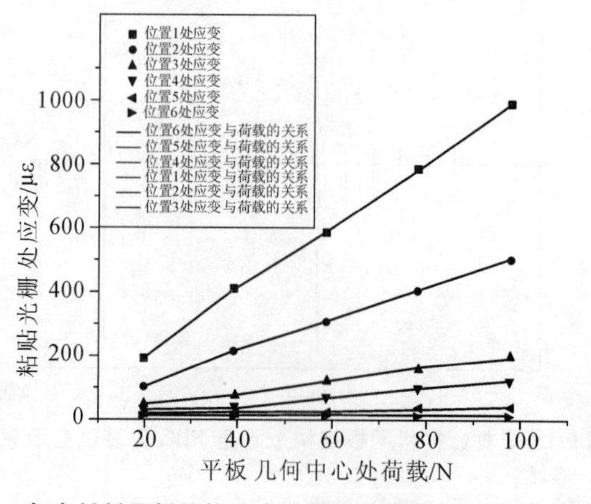

图 9-16　复合材料平板结构 6 个位置处应变与中心处荷载拟合直线

表 9-10　复合材料平板结构 6 个位置处应变与平板中心点处荷载的拟合函数表

不同位置处应变 ε 与平板中心点处荷载 F 的关系	
位置 1(距离加载点 0cm)	$\varepsilon_1=10.004\times F+8.26$
位置 2(距离加载点 2cm)	$\varepsilon_2=5.0724\times F+5.38$
位置 3(距离加载点 4cm)	$\varepsilon_3=2.0821\times F-4.07$
位置 4(距离加载点 6cm)	$\varepsilon_4=1.2969\times F-8.74$
位置 5(距离加载点 8cm)	$\varepsilon_5=0.2933\times F+6.09$
位置 6(距离加载点 10cm)	$\varepsilon_6=0.0938\times F+2.16$

由图 9-16 可知,随着平板中心点处的荷载的增加,距离平板中心点处较远的位置 5 和位置 6 的应变变化较小,说明平板中心点处施加的荷载在距离施力点位置较远处产生的应变较小,可忽略不计。其余 4 个位置处的应变随平板中心点处的荷载变化基本呈线性关系,且越靠近施力点处应变响应越灵敏。为研究平板结构中荷载相同时应变与距离的关系,将表 9-9 中的数据绘制如图 9-17 所示(位置 5 和位置 6 处应变响应较小,不做考虑)。

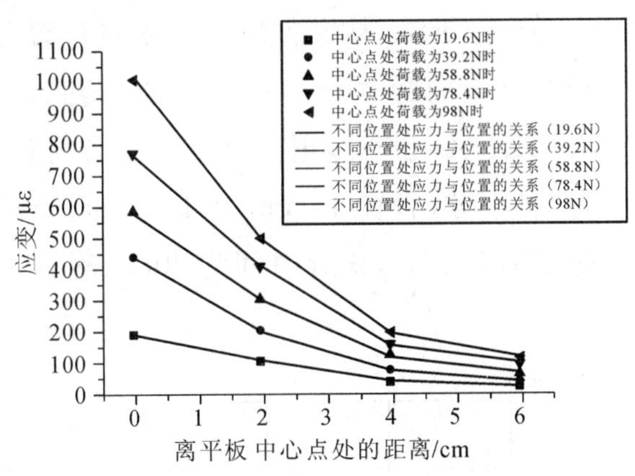

图 9-17　同一荷载下不同位置处的应变分布

将图 9-17 中的散点图做二次曲线拟合后发现,平板中心点处荷载一定时,不同位置处应变 ε 与离平板中心点处的距离 X 成二次函数关系。平板中心点处荷载不同时,具有不同的二次函数关系,如表 9-11 所示。同时,由实验数据可知,平板中心点处同一荷载下,平板不同位置处应变梯度不同,越靠近施力点处应变梯度越大。由于复合材料体系为非均质材料体系,对均质材料体系的材料力学分析方法在此处已不适用。

表 9-11 应变与位置的关系拟合函数表

同一荷载时，不同位置处ε与离中心点距离 X 的关系	
19.6N	$\varepsilon = 193.96 - 56.945X + 4.6875X^2$
39.2N	$\varepsilon = 435.48 - 137.91X + 11.825X^2$
58.8N	$\varepsilon = 581.49 - 169.105X + 13.9125X^2$
78.4N	$\varepsilon = 769.83 - 224.034X + 18.4375X^2$
98N	$\varepsilon = 1008.47 - 308.89X + 26.775X^2$

9.2.2 相同冲击能量时 CFRP 平板结构冲击信号捕捉

在室温18℃下，通过在复合材料平板结构(长32cm、宽32cm、厚3mm)上布设传感网络进行冲击信号的捕捉。实验中使用的 FBG1、FBG2、FBG3、FBG4 的初始中心波长分别为 1531.119nm、1531.101nm、1531.175nm、1531.168nm。碳纤维复合材料平板结构长 32cm、宽 32cm、厚 3mm，光栅粘贴位置以及六个冲击点(A、B、C、E、F、G) 位置如图 9-18 所示。FBG 粘贴位置与冲击点位置分别位于复合材料板两侧。复合材料铺层中碳纤维方向为 y 轴方向，与 FBG 传感器的粘贴方向一致。冲击试验中，分别在 A、B、C、E、F、G 七个点正上方距离复合材料上表面 40cm 处以自由落体的方式释放一个金属小球(直径 1.5cm、质量 25g)，光栅粘贴在复合材料平板下表面。解调仪采集频率为 200Hz，积分时间为 20μs。落点在 A(1,16) 点时的波形图如图 9-19 所示。

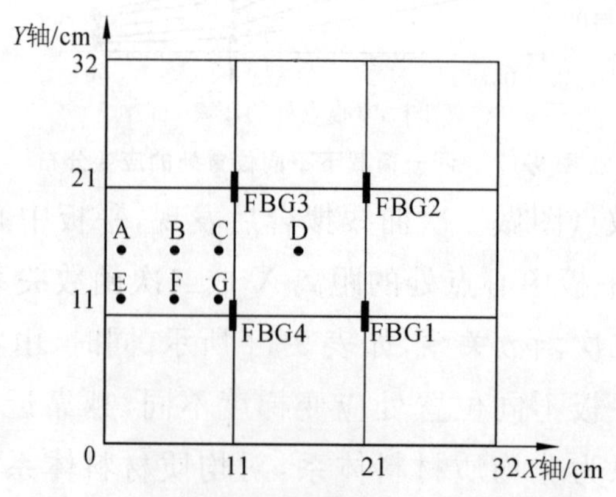

图 9-18 复合材料平板结构冲击位置示意图

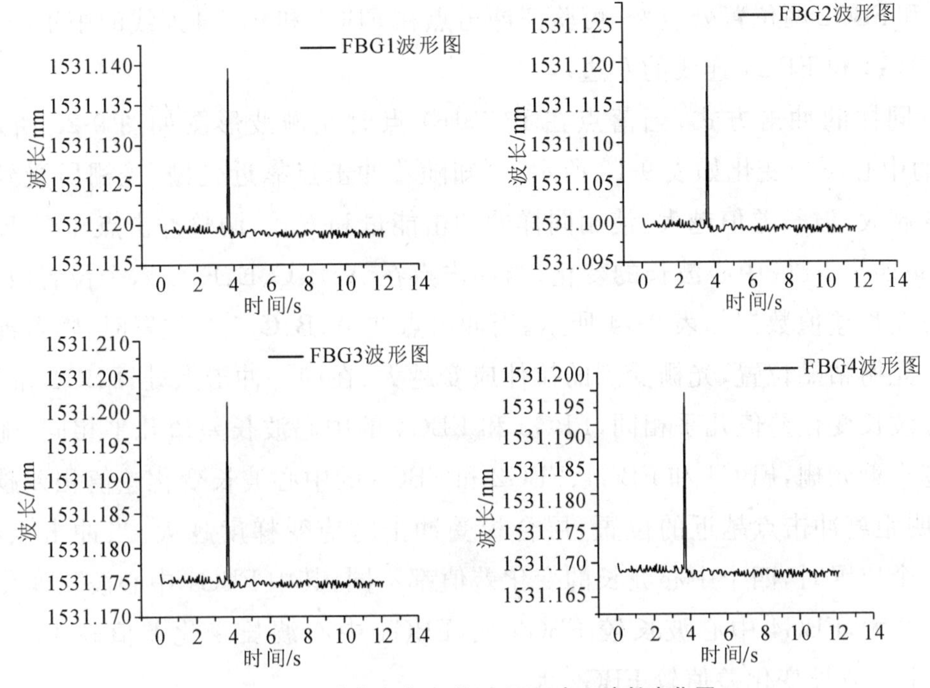

图 9-19 冲击点在 A 处时 FBG 中心波长变化图

表 9-12 冲击点在 A 处时 FBG 中心波长变化

FBG 编号	冲击时波长最大值(nm)	冲击前波长值(nm)	波长差值(nm)
FBG1	1531.1395	1531.1194	0.020
FBG2	1531.1246	1531.1012	0.023
FBG3	1531.2063	1531.1753	0.031
FBG4	1531.1993	1531.1687	0.031

由图 9-19 可知，落球冲击平板瞬间，FBG 的中心波长增大。这是因为根据层合板理论，平板在受落球冲击时，上表面产生挤压应变，下表面产生拉伸应变，导致粘贴在下表面的 FBG 受到拉伸应变的作用，因此 FBG 的中心波长增大。通过不同位置 FBG 的中心波长变化可以定性估测落球冲击点的位置，由图 9-20 波形图绘制冲击过程中 FBG 的中心波长变化表格，如表 9-12 所示，定义中心波长差值为冲击过程中 FBG 的波长最大值减去冲击前 FBG 中心波长值。

通过表 9-12 数据可知，冲击过程中，FBG1 和 FBG2 波长差值近似，FBG3 和 FBG4 波长差值近似，并且冲击前后 FBG 的波长值几乎没有变化，表明落球冲击未对碳纤维复合材料板造成永久性损伤。可通过波长差值的大小表征复合材料平板结构受冲击过程中冲击点处的应变最大值。此次冲击过程中，粘贴 FBG1 和 FBG2 两位置处最大应变相等，粘贴 FBG3 和 FBG4 两位置处最大应变相等，且大于粘贴

FBG1 和 FBG2 两位置处应变。可验证冲击点在 FBG3 和 FBG4 连线的中轴线上，且位于 FBG3 和 FBG4 连线的左边。

以同样的冲击方式，当落点在 B(5,16) 点时光栅波形图如图 9-20 所示，各 FBG 的中心波长变化如表 9-13 所示。可知随着冲击点靠近光栅，光栅所受到的拉伸应变越大，波长差值越大。使用同样的冲击能量和方式，调整冲击点在 C、E、F、G 时，记录四个 FBG 中心波长的变化。当冲击点在 A、B、C、E、F、G 六个位置时，FBG 的中心波长差值数据如表 9-14 所示。当冲击点在 A、B、C 三个位置时，随着冲击点越靠近光栅粘贴位置，光栅受到的拉伸应变越大。在同一冲击点处，FBG1 和 FBG2 的中心波长变化差值几乎相同，FBG3 和 FBG4 的中心波长差值几乎相同。随着冲击点越靠近光栅，FBG1 和 FBG4、FBG2 和 FBG3 的中心波长变化差值相差越来越大，表明距离冲击点越近的位置，层合板受冲击时应变梯度越大。当冲击点在 E、F、G 三个位置时，四个中心波长的变化差值都不同，其中 FBG1 中心波长变化差值较 FBG2 大，FBG4 中心波长较 FBG3 大，FBG4 中心波长变化差值较 FBG1 大，FBG3 中心波长变化差值较 FBG2 大。

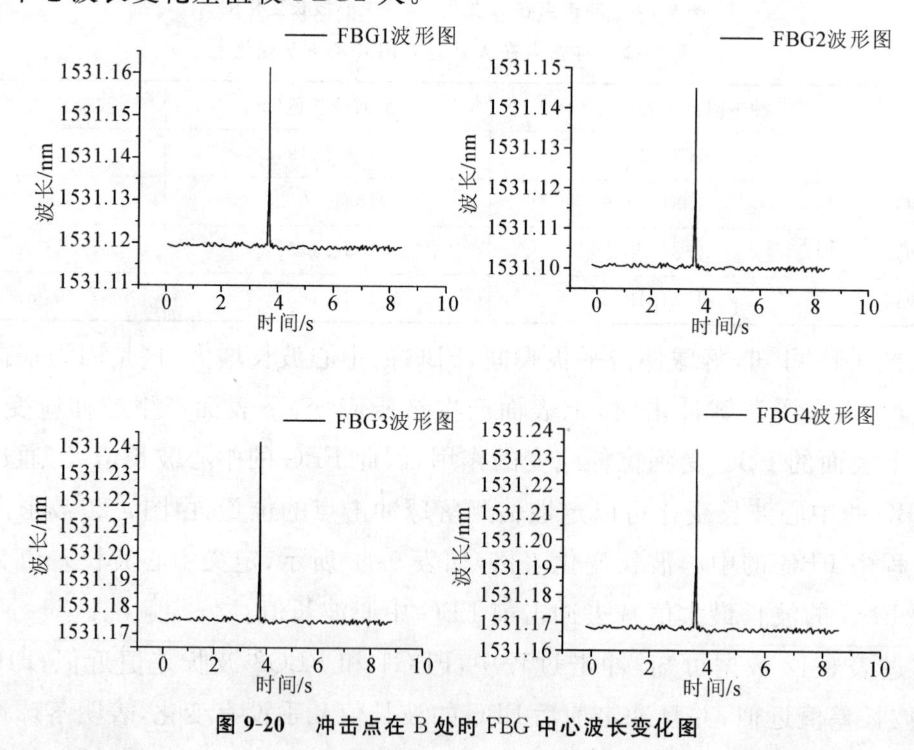

图 9-20 冲击点在 B 处时 FBG 中心波长变化图

表 9-13　冲击点在 B 处时 FBG 的中心波长

FBG 编号	冲击时波长最大值(nm)	冲击前波长值(nm)	波长差值(nm)
FBG1	1531.1614	1531.1193	0.042
FBG2	1531.1432	1531.1003	0.043
FBG3	1531.2384	1531.1753	0.063
FBG4	1531.2307	1531.1689	0.062

表 9-14　不同冲击位置处 FBG 中心波长的变化

冲击点位置	中心波长变化值(nm)			
	FBG1	FBG2	FBG3	FBG4
A	0.020	0.023	0.031	0.031
B	0.042	0.043	0.063	0.062
C	0.084	0.085	0.137	0.135
E	0.028	0.017	0.026	0.039
F	0.050	0.035	0.054	0.081
G	0.102	0.073	0.114	0.150

9.2.3　不同冲击能量时 CFRP 板的冲击信号监测及损伤

复合材料的变形和损伤状况主要受基体、纤维和界面性能的影响。复合材料受到冲击损伤时，树脂基体的韧性影响压缩程度和损伤面积，树脂基体韧性越好，对冲击能量的吸收效果越好。然而，树脂韧性越好，复合材料自身模量越低，并且树脂基体对冲击能量的吸收只占整个材料体系对冲击能量吸收的一小部分。纤维增强材料作为复合材料结构的主要承力结构，其力学性能影响复合材料抗冲击性能。当冲击能量高于某个阈值时，冲击能量主要由增强纤维来吸收，产生纤维断裂释放能量；当冲击能量低于该阈值时，树脂基体和内部分层吸收冲击能量，并且纤维对冲击能量的吸收占整个材料体系能量吸收的相当大一部分。复合材料的分层现象是对冲击能量吸收的主要形式，而决定复合材料分层的关键是界面性能。当层间应力高于层间剪切强度的极限值时，纤维破坏成为吸收冲击能量的主要方式；当层间应力低于层间剪切强度的极限值时，分层成为吸收冲击能量的主要形式。

上一小节研究了在冲击能量一定时，通过布设在碳纤维复合材料平板结构上的 FBG 传感网络的中心波长的变化，可定性判断冲击位置。由于复合材料在服役时受到的冲击能量大小和冲击位置是不确定的，本节针对同一冲击点不同冲击能量的信号进行监测。冲击点为复合材料平板结构的几何中心处，研究不同冲击能量对复合材料造成的损伤情况，探究复合材料抗冲击能力及损伤破坏机理。使用的碳纤维复合材料平板结构尺寸为长 10cm、宽 10cm、厚 3mm，冲击点在距离光栅 1cm 处，如图 9-21 所示。冲击点和光栅分别位于平板结构的两侧，当对平板结构正面施加冲击荷载时，背面的光栅受到拉伸应力的作用。冲击点在平板结构正面几何中心处，光栅粘贴在平板结构背面距离几何中心点 1cm 处，粘贴方向为纤维排布方向，平板结构采用四边简支的方式。实验仪器有光纤光栅解调仪、落锤冲击试验机（冲头质量 1kg，冲头直径 0.3cm）。

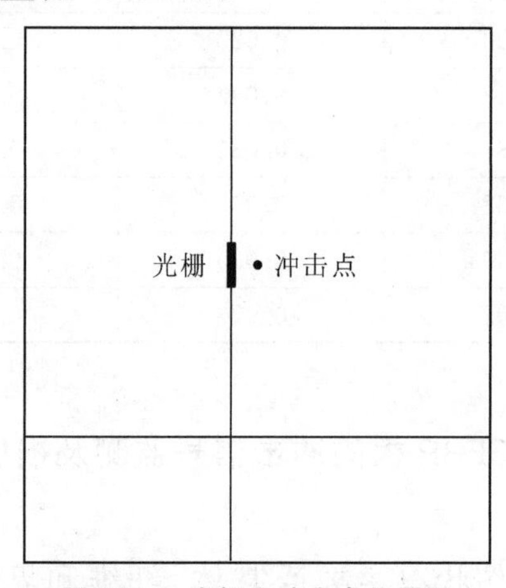

图 9-21　光栅和冲击点位置图

设置光纤光栅解调仪的采集频率为 200Hz，调整冲头自由落体的高度，分别用 0.5J、1J、2J、3J、4J、5J、6J、7J 的冲击能量冲击复合材料平板结构的中心点处，记录 FBG 的中心波长变化，图 9-22 为冲击能量为 0.5J 和 1J 时的 FBG 的中心波形变化图。由图可知，当冲击能量为 0.5J 时，FBG 的中心波长在冲击前后几乎没有变化，冲击过程中出现波长最大值。定义冲击前后 FBG 中心波长的变化为波长差值 $\Delta\lambda$（冲击后波长减去冲击前波长），冲击过程中波长变化最大值称为波长增大峰值 $\lambda_{\Delta max}$（冲击过程中波长最大值减去冲击前波长值），波长差值反映材料的冲击损伤状况，波长增大峰值反映冲击能量大小。当冲击能量为 1J 时，波长差值为 0.021nm，说明冲击后产生轻微不可逆的冲击损伤，波长峰值差为 0.058nm，可反映冲击能量大小。分别记录其他冲击能量时 $\Delta\lambda$ 和 $\lambda_{\Delta max}$，填入表 9-14 中，通过表中数据绘制散点图如图 9-23 所示。

由图可知，随着冲击能量的增加，最大峰值波长和波长差值都增大，说明冲击过程中 FBG 受到的拉伸应力不断增大。当冲击能量达到 5J 以后，波长增大峰值变化缓慢,波长差值持续增加,增大速度并未变缓,由此可判断损伤模式发生变化。使用超声C扫描,发现当冲击能量小于5J时,复合材料损伤模式主要表现为基体开裂、层间分层,随着冲击能量的增加,分层面积逐渐增大。当冲击能量大于5J时伴随着纤维拉伸、纤维脱黏、纤维断裂等主要损伤模式,基体开裂和层间分层不再是主要损伤模式,此时复合材料产生较大的损伤破坏,传感器波长增大峰值变化幅度不大。

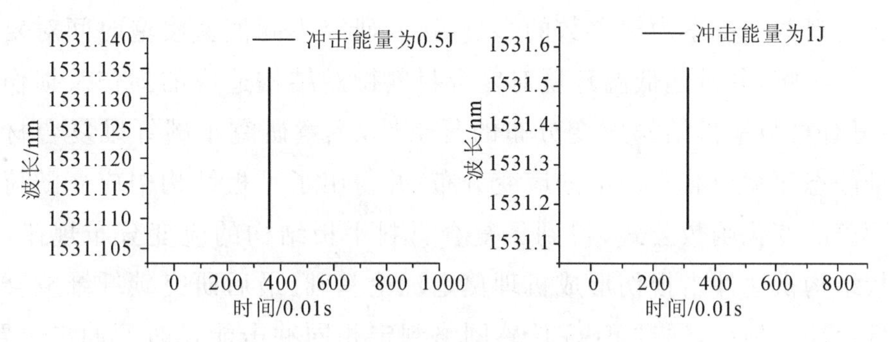

图9-22 冲击实验中FBG波形图

表9-15 冲击实验中FBG中心波长变化

冲击能量(J)	波长差值Δλ	波长增大峰值$\lambda_{\Delta max}$
0.5	0	0.027
1	0.021	0.058
2	0.033	0.071
3	0.046	0.083
4	0.049	0.105
5	0.057	0.127
6	0.068	0.131
7	0.075	0.134

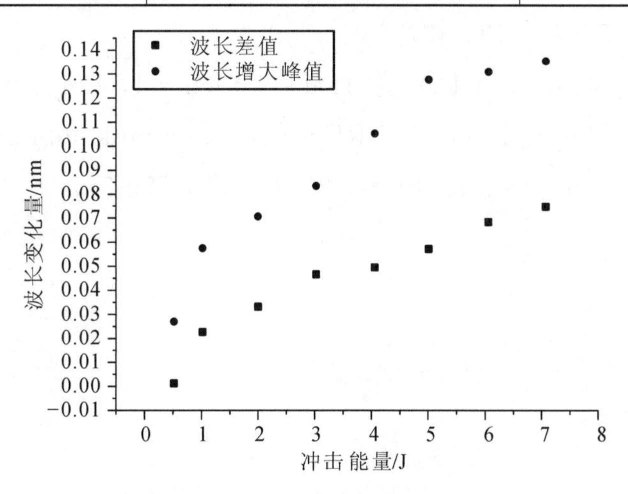

图9-23 冲击实验波长变化值

9.3 本章小结

本章首先研究了碳纤维复合材料的超低温损伤，通过FBG传感器测量了碳纤维复合材料等直梁结构在液氮浸泡前后的弯曲模量和抗弯刚度，并研究了低温环境对复合材料两个基本力学参数的影响，接着研究不同液氮浸泡时间对复合材料弯曲模量的影响，分析超低温环境对复合材料微观结构造成的损伤及损伤形成机理。针对复合材料平板结构应变分布的复杂性，本章研究了碳纤维复合材料平板结构在准静态压缩荷载作用下的应变分布，并得出了平板结构中应变随荷载以及应变随距离的变化函数公式，得到了复合材料平板结构的应变分布规律，为复合材料平板结构低速冲击损伤形成机理奠定理论基础。最后研究碳纤维复合材料平板机构低速冲击损伤，通过FBG传感网络判定相同冲击能量时的冲击位置，通过传感光栅研究了不同冲击能量下的损伤破坏模式，并分析了损伤形成机理。

参考文献

[1] TSUDA H, SATO E, NAKAJIMA T, et al. Acoustic emission measurement using a strain－insensitive fiber Bragg grating sensor under varying load conditions[J]. Optics letters, 2009, 34(19): 2942-2944.

[2] HIGUCHI K, TAKEUCHI S, SATO E, et al. Development and flight test of metal－lined CFRP cryogenic tank for reusable rocket[J]. Acta Astronautica, 2005, 57(2): 432-437.

[3] Artero－Guerrero J A, Pernas－Sánchez J, López－Puente J, et al. On the influence of filling level in CFRP aircraft fuel tank subjected to high velocity impacts[J]. Composite Structures, 2014, 107: 570-577.